デジタルリテラシーの基礎 ❷

IC3
DIGITAL LITERACY
CERTIFICATION

# インターネットの基礎知識

## IC3 GS5
リビングオンライン対応

滝口 直樹

JN223948

# はじめに

　パソコンの登場以来、世界は大きな変化を遂げてきました。

　まったく考えられなかった簡便さで世界はつながり、新しいビジネスの誕生とともに新しい富が作り出され、新しい勝者が世界に誕生しています。

　世界規模で起こりつつあるこの大きな変化をもたらしてきたのは、パソコンであり、インターネットです。

　デジタルリテラシーの基礎知識を問う認定資格 IC3（アイシースリー）は、世界の14言語で実施されている、当分野で最も優れた資格試験のひとつです。

　ハードウェア、ソフトウェア、インターネットの機能・概念・操作方法の基本を程よく網羅しており、IC3を取得することで、デジタルリテラシーの基礎を身につけ、現在進行中のデジタル革命に自信を持って対応することができます。

　本書は、IC3 GS5の試験科目「リビング オンライン」の出題範囲に対応したコースウェアとして、試験対策のための利用はもちろんのこと、インターネット、電子メール、スケジュールの利用、SNSを使用したオンラインコミュニケーション、デジタル社会のルールやモラルなど、インターネット社会に必要な基本的な知識を体系的に学べる内容になっています。

　本書をご活用いただき、デジタルリテラシーの習得やIC3の受験にお役立てください。

株式会社オデッセイ コミュニケーションズ

# 目次

## chapter 01　インターネットのしくみ　1

## chapter 02　Webサイトの閲覧（WWWの利用）　19

## chapter 03 テキストメッセージの利用 47

## chapter 04 予定の管理 75

# 本書について

## 本書の目的

　本書は、インターネット、ブラウザー、電子メール、予定表などの利用、SNSを使ったオンラインコミュニケーション、デジタル社会のルールやモラルなど、インターネット社会に必要な基本的な知識を体系的に学習することを目的にした書籍です。また、本書は国際資格『IC3 グローバルスタンダード5』（以下「IC3 GS5」）の『リビング オンライン』の出題範囲も網羅しており、試験対策テキストとしてもご利用いただけます。

## 対象読者

　本書では、インターネットのしくみ、ブラウザーの知識と操作方法、電子メールやSNSなどのオンラインコミュニケーション、予定の管理、インターネットを活用した共同作業、デジタル社会のルールやモラルなどの基本的な知識について、これから学習しようという方、およびIC3 GS5 リビング オンラインの合格を目指す方を対象としています。

## 本書の表記

　本書では、以下の略称を使用しています。

| 名称 | 略称 |
| --- | --- |
| Windows 10 Pro | Windows、Windows10 |
| Microsoft Office Word 2016 | Word |
| Microsoft Office Excel 2016 | Excel |
| Microsoft Office Outlook 2016 | Outlook |
| Microsoft Edge | Microsoft Edge、Edge |
| Google Chrome | Google Chrome、Chrome |

※上記以外のその他の製品・サービスについても略称を使用しています。

## 学習環境

本書の学習には以下のPC環境が必要です。
- Windows 10
- Microsoft Edge
- Google Chrome

本書は以下の環境での画面および操作方法で記載しています。（2019年6月現在）
- Windows 10 Pro （64ビット版）
- Microsoft Office Outlook 2016
- Microsoft Edge
- Google Chrome
- Google カレンダー
- Gmail

　基本的にWindows 10やMicrosoft Edge、Google Chrome、Google カレンダー、Gmailは初期設定状態です。

　Windows 10のアップデート（Windows Update）により、Windows 10の設定画面、Microsoft Edgeのメニュー、ウィンドウ内の項目名や設定内容などが異なる場合があります。

　Google Chrome、Gmail、Googleカレンダーなどは、アプリケーションの更新により、設定画面や機能が変わることがあります。そのため、操作方法が本書の解説内容と異なる場合があります。

　IC3 GS5の『リビング オンライン』の試験は、選択問題と操作問題が出題されます。

　操作問題は、Windows 10、Google Chrome、Googleカレンダー、Gmail、Skypeを疑似的に再現した環境（シミュレーション）で実施します。このため、本書の解説と、試験画面に表示されるメニューや項目名などに違いがある可能性があります。

## 学習の進め方

　第1章（chapter01）から第7章（chapter07）を順番に学習されることをお勧めしますが、必ずしも章の順番通りに学習することはありません。

　本書の巻末には、学習した内容の理解度を図る「練習問題」を65問掲載しています。解答と解説と合わせてご利用ください。

# IC3（アイシースリー）試験概要

## IC3（アイシースリー）とは

IC3（アイシースリー）は、コンピューターやインターネット、アプリケーションソフトといったデジタルリテラシーの知識とスキルを総合的に証明する国際資格です。ITリテラシーの国際基準として、CompTIAやISTE（国際教育技術協会）をはじめ、国際的な教育・IT団体・政府機関から広く推奨・公認されています。これまで78か国で300万試験以上が実施されており、世界中の学生や社会人のデジタルリテラシーの証明に活用されています。

IC3 GS5は、IT社会の最新動向に対応する知識やスキルが反映された試験です。学校や職場に限らず、日々の生活などあらゆる場面で通用するデジタルリテラシーを学習できます。

## 試験科目

試験は、「コンピューティング ファンダメンタルズ」、「リビング オンライン」「キー アプリケーションズ」の3科目で構成されており、3科目すべてに合格するとIC3の認定を受けられます。

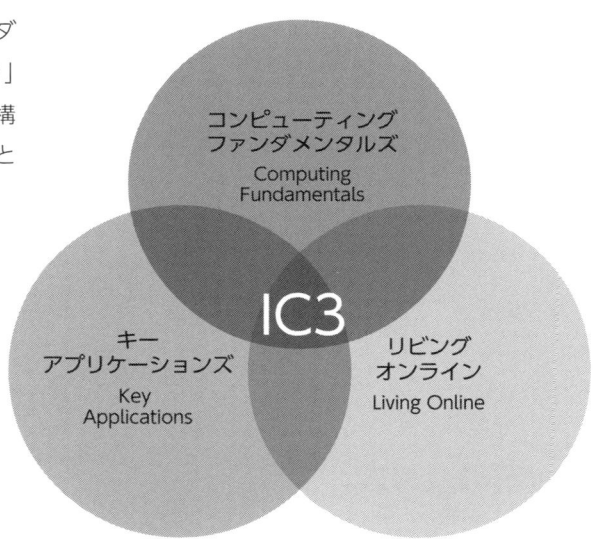

| コンピューティング ファンダメンタルズ | モバイル・コンピューターハードウェア、OSの知識や操作方法、ソフトウェアに関する基礎知識、基本的なトラブルシューティング、コンピューター利用時のセキュリティなど幅広い知識が問われます。 |
| --- | --- |
| リビング オンライン | インターネットの利用、電子メールやスケジュール管理、SNSなどのオンラインコミュニケーション、デジタル社会のルール・モラル・スキルなどが問われます。 |
| キー アプリケーションズ | アプリケーションソフトに共通する一般的な機能、ワープロソフト、表計算ソフト、プレゼンテーションソフトといった代表的なアプリケーションの基本的な操作、アプリに関する基本的な知識などが問われます。 |

## 試験の形式と受験料

試験の方式や出題形式、受験料は次のとおりです。

| 試験方式 | コンピューター上で実施するCBT（Computer Based Testing）方式 |
|---|---|
| 出題形式 | 選択式問題（択一、複数選択）、並べ替え問題、操作問題*<br>* 操作問題は、アプリケーションを擬似的に再現した環境（シミュレーション）を使用して解答を行います。 |
| 問題数 | 45〜50問前後 |
| 試験時間 | 50分 |
| 受験料（一般） | 1科目　　　5,000円＋消費税<br>3科目一括　13,500円＋消費税※1 |
| 受験料（学生）※2 | 1科目　　　4,000円＋消費税<br>3科目一括　12,000円＋消費税 |

※1　一括の金額は、3科目一括同日受験でお申込みの場合のみ適用されます。
※2　学生の方は試験申込み時に、試験会場に学生である旨を必ずご自身で申告してください。試験申込み時に申告漏れがあった場合、試験終了後の学生価格への変更は一切対応できません。あらかじめご了承ください。

その他、詳しい内容については、IC3公式サイトを参照してください。

URL：https://ic3.odyssey-com.co.jp/

## 試験の出題範囲と本書の対応表

『IC3 GS5 リビング オンライン』の出題範囲と本書で解説している章の対応表です。学習の参考にしてください。

| 大分類 | 小分類 | 対応する章 |
|---|---|---|
| インターネットの利用 | • インターネットの概念 | 1章<br>7章 |
| 一般的に使用される機能 | • Webサイトの閲覧方法 | 1章<br>2章 |
| 電子メールの利用 | • 電子メールソフトとサービス<br>• 電子メール（メッセージ）の概念<br>• 電子メール管理の概要<br>• 添付ファイルの概念<br>• 連絡先管理の概念 | 3章 |
| 予定の管理 | • オンラインカレンダーアプリを使用した予定の管理<br>• オンラインカレンダーの共有<br>• オンラインカレンダーアプリを使用した複数のカレンダーの管理<br>• オンラインカレンダーサービスへの登録（サブスクリプション） | 4章 |
| ソーシャルメディア | • ソーシャルメディアの概念<br>• ソーシャルネットワークの概念<br>• 情報掲載、投稿プラットフォームの概念<br>• ネットいじめの概念 | 3章<br>6章<br>7章 |
| オンラインコミュニケーション | • 様々な通信手段<br>• SMSテキストメッセージの概念<br>• チャットの概念<br>• 共同作業のためのオンラインツール | 3章<br>5章 |
| オンライン会議 | • Web会議の概念 | 5章 |
| ストリーミング | • ストリーミングの概念 | 1章 |
| デジタル社会の原則、モラル、スキル | • オンラインコミュニケーションの手段<br>• デジタル機器を使用する際の健康管理<br>• オンライン上のアイデンティティ（人物像）の管理<br>• 情報発信者のアイデンティティ（人物像）の概念 | 1章<br>7章 |

# インターネットの
# しくみ

　現代社会において、インターネットは必要不可欠な社会インフラへと成長しました。適切で快適なインターネットの利用のために、ここではインターネットのしくみについて学習します。

# 1-1 インターネットのしくみ

　ネットワーク社会で快適かつ安全に生活をしていくためには、ネットワークのしくみを正しく理解する必要があります。

　ここでは、インターネットをはじめとするさまざまなネットワークのしくみについて学習します。

## 1-1-1　ネットワークトポロジー

　インターネットをはじめとするネットワークには、その目的や環境に応じた機器やプロトコル（通信規約）を用いて、さまざまな接続形態が存在します。そのような接続の形態のことを「ネットワークトポロジー」と呼びます。

### 代表的なネットワーク

#### LAN (Local Area Network)

　「LAN」（ラン）は、限定された領域内（同じ建物やフロア内など）で利用するネットワークです。ネットワーク管理者の責任で設置され、接続を許可されたユーザーのみが利用できる形式が一般的です。

　PCのほかに、LANにはファイルサーバーやネットワークプリンターなどの共用機器を接続して利用することができます。原則としてLANは限定された機器が参加する「クローズドネットワーク」（閉じられたネットワーク）になります。

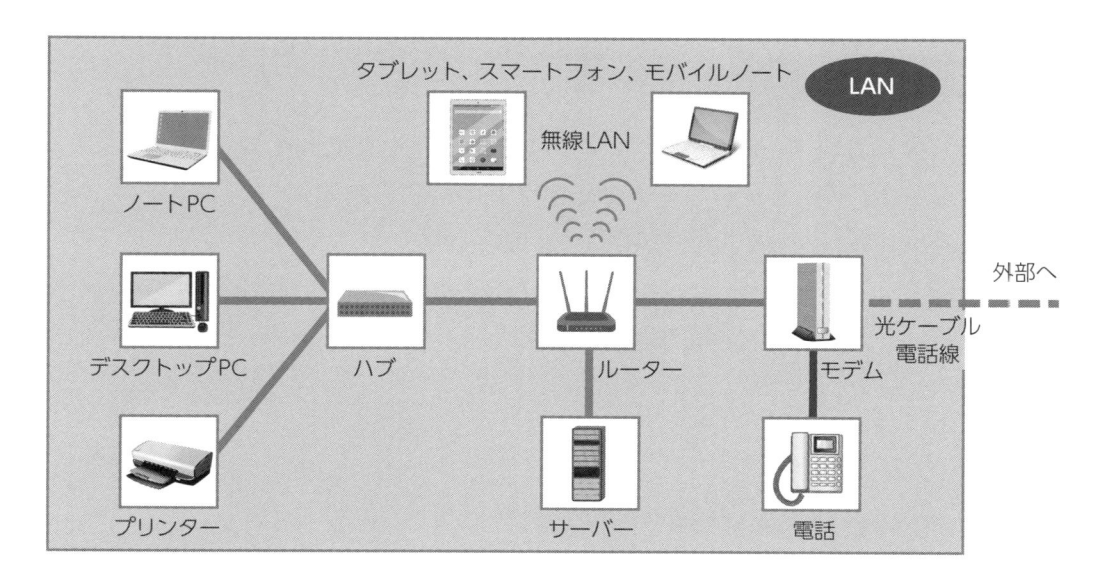

## ▌ WAN（Wide Area Network）

「WAN」（ワン）は、公衆回線や専用通信回線を利用して、遠隔地のLAN同士を接続したネットワークです。複数のビルにまたがる社内ネットワークの構築などで利用されます。

公衆回線を利用する場合も、許可されていないユーザーは通信に参加できないように暗号化などのセキュリティ技術が施され、LAN同様にクローズドネットワークとなります。

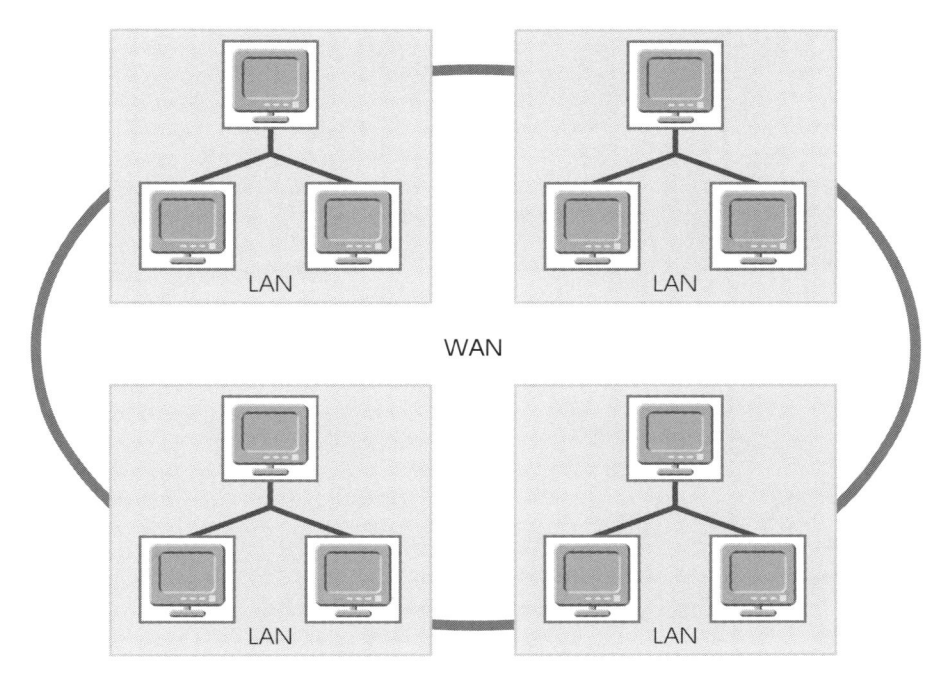

LANとWAN

## ▌ インターネット

「インターネット」とは、世界中の大小さまざまなネットワークを相互に結んだ世界規模のネットワークです。インターネットも広義に解釈すればWANをもっと大きくしたものといえますが、通常WANはクローズドネットワークで、インターネットはオープンネットワークとして使い分けるのが一般的です。

LANなどのネットワークからもインターネットに接続することができます。また、Webサイトなどはサーバーと呼ばれる公開用のコンピューター上に情報を載せることで広く情報を公開することができます。インターネット上の情報は、原則としてインターネットに接続しているユーザーに公開されており、一部の会員制で非公開のWebサイトを除き、だれでも情報を閲覧できます。ただし、インターネットショッピングなどで利用される個人情報やサービスで利用するパスワードなどは、第三者が読み取れないように暗号化し、安全に利用できるようにしています。

インターネットの歴史は1950年代にコンピューターの発展とともに始まり、1990年代以降電子メールやWebページを公開・閲覧するワールドワイドウェブ（WWW）とともに広く利用されるようになりました。インターネットでは、Webページによる情報交換や電子メールのやり取りなどを行うことができます。

通信は世界標準のプロトコル（通信規約）である「TCP/IP」に基づいて行われます。一般的には「インターネットサービスプロバイダ（ISP）」に加入し、その事業者のネットワークを通じてインターネットに接続できます。

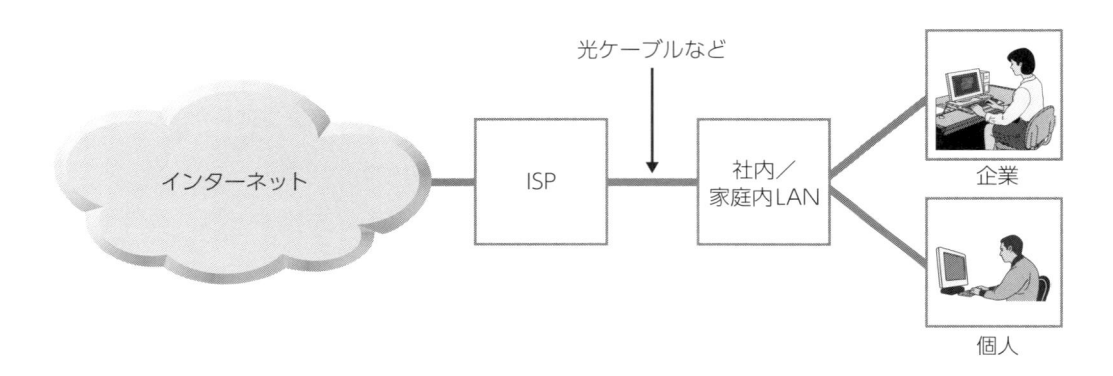

ISP（インターネットサービスプロバイダ）は、インターネットの接続サービスを提供する企業・組織を指します。インターネット接続に必要なIPアドレスの提供のほか、メールアドレスやホームページ開設、セキュリティ、コンテンツなどのサービスを提供します。一般的には「プロバイダ」と呼ばれます。

## ▌イントラネット

「イントラネット」とは、インターネット技術を用いたLANのことです。施設内のネットワークであるLANにインターネットの機器やプロトコルを用いることで、利便性を向上させると同時に、ネットワークを構築するコストの削減やセキュリティ面の充実を図ることができます。現在、ほとんどのLANがイントラネットで構築されています。イントラネットは、インターネットの技術は利用しますが、LANであるため外部に公開されないネットワークです。

## ▌クラウドネットワーク

「クラウドネットワーク」は、インターネットを介して、ネットワーク上にあるサーバーやアプリケーションなどのさまざまリソースを提供するサーバー上のネットワークです。たとえば、クラウドストレージと呼ばれるサービスを利用すると、インターネット上のファイルサーバーにファイルを保存したり、ほかのユーザーと共有したりできます。ユーザーは場所を問わず、さまざまな端末から必要とするサービスを選んで利用でき、サーバーの運用やアプリケーションの購入にかかるコストを抑えることができます。また、バックアップや復元についてもクラウド事業者が行うのでデータ管理の手間が軽減されます。

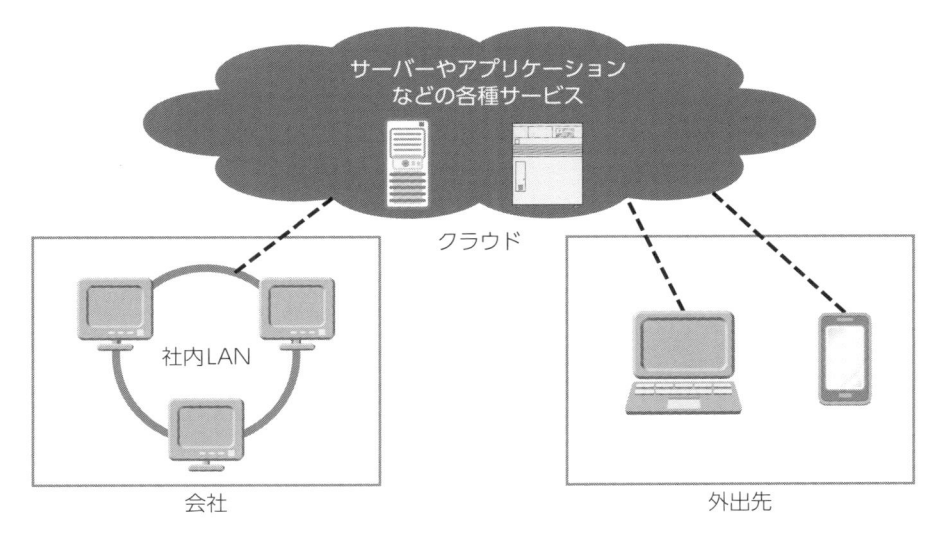

クラウドの利用イメージ

## 1-1-2　IPアドレスとドメイン

### プロトコル

　ネットワークでの通信には「プロトコル」（通信規約）が必要になります。プロトコルとは、情報の発信側と受信側で情報を伝達するための共通する規則のことです。通信プロトコルにはさまざまな種類が存在し、データの送受信のための基本的なしくみを提供するものから、Webページを転送するもの、電子メールの送受信に利用するものなどプロトコルごとの役割があり、それらを組み合わせて利用しています。

　プロトコルの代表格であり、インターネットやLAN（イントラネット）の根幹を支えるプロトコルが「TCP/IP」です。TCPとIPは別のプロトコルですが、ほとんどの場合で組み合わせて利用されるため、TCP/IPと表現されることが多くなっています。

### IP (Internet Protocol)

　「IP」は、発信者の情報や宛先情報である「IPアドレス」を含むパケットと呼ばれるデータを細かく分割するルールを規定するプロトコルです。なお、IPアドレスのうしろにはポート番号が割り当てられており、宛先のどのプログラムへ通信するかを特定するしくみになっています。

「ポート番号」は、IPアドレスとともに、インターネットなどのネットワークでデータをやり取りする際にデータが通過する場所（穴）を指す言葉で、0〜65536の番号が使われます。ポート番号はデータの用途や対応するアプリケーションにより決定し、やり取りするデータにポート番号の情報が付けられます。なお、インターネットの通信に使われる主なプロトコルのポート番号は「ウェルノウンポート」と呼ばれています。主なウェルノウンポートは次のとおりです。

- 80（HTTPプロトコル）……… WebページのHTMLファイルなどの送受信
- 25（SMTPプロトコル）……… メールの送信
- 110（POP3プロトコル）…… メールの受信
- 20（FTPプロトコル）………… ファイルの転送

## ▌TCP (Transmission Control Protocol)

「TCP」は、データ送信の制御を行うプロトコルで、宛先情報やデータ到着の確認・データの重複や抜け落ちのチェックなどを行います。

## ▌IPアドレス

インターネット上のコンピューター同士が通信する際、個々のコンピューターに番号を振って通信相手を特定します。そのような番号を「アドレス」と呼びます。

現在インターネットやLANなどのネットワークでは、「IP（Internet Protocol）」を用いて通信が行われています。そのIPで用いられるアドレスを「IPアドレス」といいます。

IPアドレスには複数のバージョンがあります。主に使われているのがIPv4（バージョン4）で、理論上、2の32乗の数までコンピューターを識別できます。IPv4では、IPアドレスは0〜255の4つの数値を「.」（ピリオド）で区切った形式で表記されます。

> **IPv4の表記例**
> 111.122.133.144

近年はコンピューターの急激な増加によって、IPv4では割り当てできるアドレスが将来なくなることが懸念されています。そこで、IPアドレスの長さをIPv4の4倍にしたIPv6（バージョン6）への移行が進められています。IPv6は理論上、2の128乗の数ものコンピューターを識別可能であり、IPアドレスがなくなる問題はほぼ解消されます。IPv6では基本的に、IPアドレスは0〜32767の8つの数値を16進数として表し、「:」（コロン）で区切った形式で表記されます。

> **IPv6の表記例**
> 12ab:34cd:56ef:78ab:90cd:12ef:34ab:56cd

実際の通信において、人間が番号のみのIPアドレスを識別することは難しく、Webサイトの閲覧やメールなどでは「ドメイン名」に対応付けて利用します。その際のIPアドレスとドメイン名の対応付けは「DNSサーバー」が行います。

### ■ IPアドレスの種類

IPアドレスには、企業、学校、家庭などLANやWANの中で使用される「プライベートIPアドレス」と、インターネットで使用される「グローバルIPアドレス」の2種類が存在します。

IPアドレスの表記方法は同じですが、プライベートIPアドレスに割り当てできるIPアドレスの範囲は、国際ルールによって決められています。その範囲内であればネットワーク管理者が自由にPCやネットワーク機器に設定できます。なお、その範囲のIPアドレスはグローバルIPアドレスには利用されません。

プライベートIPアドレスを持つコンピューターは、インターネットへの出入口にあたるルーターと呼ばれる機器を介してグローバルIPアドレスに変換され、インターネットと通信します。なお、グローバルIPアドレスは世界に1つしか存在しません。一部のサーバーを除いて、私たちが利用しているインターネット接続機器にグローバルIPアドレスを割り当てるにはIPアドレスの数が足りないため、通常はグローバルIPアドレスを大量に保有する「ISP（インターネットサービスプロバイダ）」と契約し、インターネット利用時に空いているグローバルIPアドレスを一時的に借りる形でインターネットに接続します。なお、常に同じ固定のグローバルIPアドレスを利用する契約もあります。固定のグローバルIPアドレスは、高額なため一部の企業のWebサーバーなどで利用されていますが、個人向けとしては一般的ではありません。

## ▌ ドメイン名

「ドメイン名」とは、インターネット上のコンピューターを識別するためのしくみです。

インターネット上のコンピューター同士が通信する際、「IPアドレス」という番号によって相手を特定しています。しかし、この番号のみでWebサイトを特定したり、メールアドレスに電子メールを送信したりするのは不向きです。ドメイン名は、インターネット上の住所のようなものであり、文字によって接続先を識別します。そのため、ドメイン名はIPアドレスと対応付けることで利用されます。なお、ドメイン名は組織や国などを表すコードをピリオドで区切った階層構造で表します。

「組織、企業名」の部分には、組織や企業の名前が使われることが多く、近年では日本語を含め多言語の文字が使用できるようになっています。主な組織種別コードと国別コードは次のとおりです。

ドメインと主な組織種別コード

| ドメイン | 組織種別 |
|---|---|
| ac | 大学、高等専門学校、学校法人、国立・公立学校法人、職業訓練法人などの高等教育機関 |
| co | 株式会社、有限会社などの企業（日本において登記を行っていること） |
| go | 日本の政府機関、各省庁所轄研究所、特殊法人、独立行政法人 |
| or | 財団法人、社団法人、医療法人、監査法人、宗教法人、特定非営利活動法人、国連組織、団体など |
| ne | 日本国内のネットワークサービス提供者 |
| ed | 保育所、幼稚園、小学校、中学校、高等学校など主に18歳未満を対象とする初等中等教育機関 |

主な国別コード

| ドメイン | 国 | ドメイン | 国 | ドメイン | 国 |
|---|---|---|---|---|---|
| br | ブラジル | fr | フランス | ca | カナダ |
| uk | イギリス | ch | スイス | in | インド |
| cn | 中国 | it | イタリア | de | ドイツ |
| jp | 日本 | es | スペイン | nl | オランダ |

 「hoge.jp」など、組織種別を特定しないJPドメイン名を「汎用JPドメイン名」と呼びます。

## ジェネリックトップレベルドメイン

　国を区別せず、共通して使われるドメインを「ジェネリックトップレベルドメイン」（gTLD）といいます。たとえば、「hoge.com」のように、「組織、企業名」のうしろに付けられる「com」などのことです。アメリカでは、ドメインに国別コード（us）を表記することはなく、「com」や「org」などのジェネリックトップレベルドメインを使用しています。

　主なジェネリックトップレベルドメインは次のとおりです。

| ドメイン | 組織 |
|---|---|
| com | 商用、企業 |
| edu | 教育機関 |
| gov | アメリカ政府 |
| org | 協同組織、非営利組織 |
| net | 主にISPなどネットワーク関連の事業者や団体 |

## サブドメイン

　組織や企業内で、さらに細かくコンピューターを分類して識別するためのドメインを「サブドメイン」といいます。たとえば「www.hoge.co.jp」のように、「組織、企業名」の前に記述さ

れます。一般に、WWWサーバーなら「www」、メールサーバーなら「mail」など、サーバーの役割に応じた名前が用いられるケースが多いです。

## DNS (Domain Name System)

「DNS」は、IPアドレスとドメイン名の対応付けを行うしくみです。DNSを構成するDNSサーバーはコンピューターからドメイン名の問い合わせがあれば、対応するIPアドレスを返します。

DNSは世界中のDNSサーバーが連携した階層構造となっており、各DNSサーバーは問い合わせのあったドメイン名が管理外のものなら、ほかの階層のDNSサーバーに問い合わせていくことで、目的のIPアドレスを取得します。

### コンピューターとDNSサーバーのIPアドレスの確認方法

Windows10で使用中のコンピューターに割り当てられたIPアドレスとDNSサーバーのIPアドレスを確認するには、[スタート] ボタンをクリックして、スタートメニューにある [設定] をクリックします。[Windowsの設定] 画面で [ネットワークとインターネット] を選択します。[ネットワークの状態] 画面にある [ネットワークのプロパティを表示] をクリックすると、使用中のコンピューターのIPアドレスやDNSサーバーのIPアドレスを確認できます。

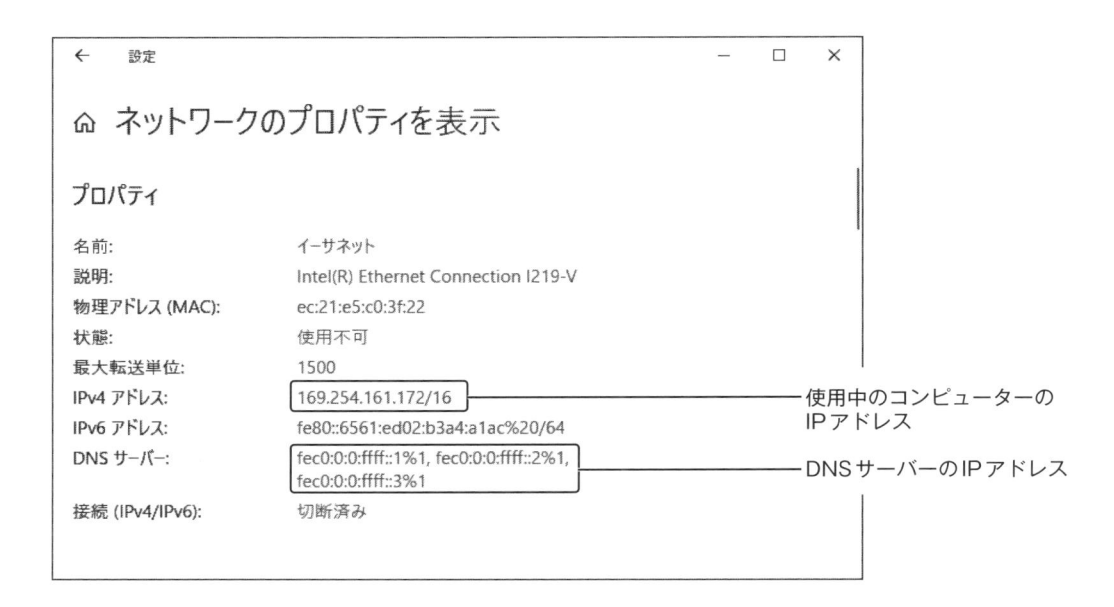

## IPアドレス設定の確認

パソコンのIPアドレスの設定が不適切な場合、インターネットやLANに接続できません。IPアドレスは管理者が事前に登録する固定IPアドレスと、利用時に空いているIPアドレスを割り当てる動的IPアドレスという設定があります。

通常、家庭などで利用する場合は、自動的にIPアドレスが取得できるように設定します。設定を確認するには、[コントロールパネル]の[ネットワークとインターネット]から[ネットワークと共有センター]を開き、左側のタスクにある[アダプターの設定の変更]をクリックして[ネットワーク接続]の画面を開きます。使用しているアダプターを右クリックしてプロパティを開き、使用している接続の項目（通常は[インターネットプロトコルバージョン4（TCP/IPv4）]）を選択して[プロパティ]をクリックします。プロパティが開いたら、[IPアドレスを自動的に取得する]がオンになっているか確認します。

なお、社内LANなどでは、IPアドレスを自動的に取得するのではなく、固定IPアドレスを直接設定する場合があります。自分自身で固定IPアドレスを設定する際には、[次のIPアドレスを使う]をオンにして、管理者から指定されたIPアドレスを入力して設定します。

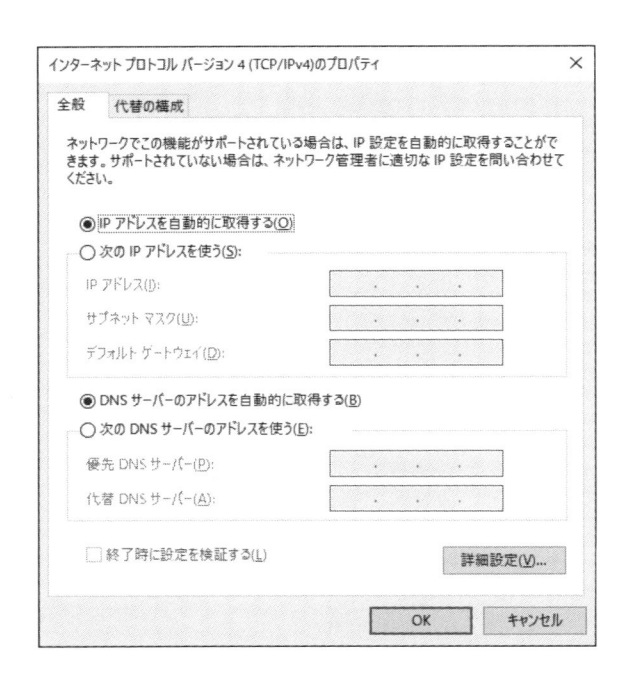

---

## 1-1-3　ネットワーク利用時の脅威と対策

安全にインターネットを利用するためには、不正アクセスやウイルスに感染しないようにする対策が必要です。

## 不正アクセス・ハッキング

「不正アクセス」とは、正式な認可を持たないユーザーが不正な手段によって、コンピューターやネットワークにアクセスすることです。不正アクセスを含め、広い意味でコンピューターやネットワークに入り込んで操作を行うことを「ハッキング」といいます。本来、ハッキングは高度な技術を使ってシステムを操作する行為を意味しており、不正な操作を示す言葉ではありません。そのため悪意のあるハッキングを「クラッキング」、悪意のないハッキングを「ホワイトハック」と呼んで区別するケースもあります。

インターネットに接続しているコンピューターは、不正アクセスのリスクが常につきまといます。不正アクセスによって、機密情報や個人情報を盗聴・改ざんされると、経済的な損失、社会的な信用を失うなどの大きな被害を受けることになります。

### ファイアウォール

外部からの不正アクセスを防止する対策の代表的なシステムが「ファイアウォール」です。ファイアウォールは、外部から不正なアクセスを防ぐためのシステムで、ソフトウェアとハードウェアのいずれかの形式で提供されます。設定したルールに基づき、ネットワーク経由で外部からアクセスされた通信の内容を調べ、不正な通信を検出したら遮断します。

一般的に企業の場合は、インターネットと社内ネットワークの境界にハードウェア型のファイアウォールを設置することで、社内ネットワーク全体を守ります。

個人ユーザーの場合は、コンピューターにソフトウェア型のファイアウォールを導入するケースがほとんどです。個人ユーザー向けのファイアウォールのソフトウェアは「パーソナルファイアウォール」と呼ばれており、Windows10に標準搭載されているWindows Defenderファイアウォール や、ほとんどのマルウェア対策ソフトにもパーソナルファイアウォールの機能が搭載されています。

## コンピューターウイルス

コンピューターウイルスは、PCに侵入して自己増殖をしながらファイルの破壊活動などを行います。

コンピューターウイルスに感染すると、意味のない画像や文字を画面に表示したり、ハードディスクのデータを削除したり、保存してあるファイルをWeb上に公開したり、再起動を繰り返したりといったユーザーの意図しない操作が行われます。

感染経路としては、Webサイトや電子メールなどネットワークからの感染が主ですが、USBメモリなどの記憶媒体を介して感染する場合もあります。コンピューターウイルスには、次のような種類が存在します。

| 種類 | 説明 |
|---|---|
| ワーム | ほかのファイルに寄生せずに自己複製して破壊活動をする。狭義ではコンピューターウイルスと区別することもある。 |
| トロイの木馬 | 正体を偽って侵入し、データの消去やファイルの外部流出、ほかのコンピューターの攻撃といった破壊活動を行う。ほかのファイルに寄生したりせず、自分自身での増殖活動も行わない。一定期間後に発症するものも多くある。 |
| マクロウイルス | 文書作成ソフトや表計算ソフトに搭載されているマクロ機能を利用したコンピューターウイルスで、文書ファイルなどに感染して自己増殖や破壊活動を行う。 |
| ガンブラー | Web サイトを改ざんして感染用プログラムを仕掛けることで、Web サイトの閲覧者が感染する。感染したコンピューターは、「バックドア」と呼ばれる不正侵入のための仕掛けが埋め込まれるなどの被害にあう。 |

## ウイルス対策ソフト

ウイルス感染によるデータの漏洩や改ざんなどの脅威からPCを守るには、「ウイルス対策ソフト」の導入が効果的です。ウイルス対策ソフトは、コンピューターウイルスを検出、駆除する対策ソフトです。電子メールに添付されたウイルスを検出して削除したり、ダウンロードしたファイルにウイルスが感染していないかを調べたりする機能があります。

ウイルス対策ソフトは基本的に、ウイルスのデータベースである「ウイルス定義ファイル」（＝たはパターンファイル）を用いて、ウイルスかどうかを判別します。ウイルス定義ファイルを最新の状態にしていないと、新しいウイルスを検知できなくなります。一般に、ウイルス対策ソフトには、ウイルス定義ファイルをインターネット経由で自動更新する機能が用意されているので、有効化しておきしょう。

最近のウイルス対策ソフトはウイルス定義ファイルに加えて、未知のウイルスであっても、その「ふるまい」からウイルスかどうかを検知する機能を備えているものもあります。

## 1-2 データの伝送

　ネットワークを利用する目的は、データや要求をほかのコンピューターに伝送することです。データの伝送には、目的や用途に応じてさまざまな方法があります。ここでは、データの伝送について学習します。

### 1-2-1 データの伝送

　データの伝送速度は、原則として利用する回線によって決まります。伝送速度を決めるのは「帯域幅」ですが、利用状況やデータの伝送方向によって実際の速度は異なる場合があります。

#### 帯域幅と通信速度

　「帯域幅」とは、もともと通信などに用いる周波数帯の範囲を指す言葉で、「ヘルツ（Hz）」という単位で表します。ヘルツとは、1秒当たりの電気の波の回数を表す単位で、データ通信においては、帯域幅が広いほど転送速度が向上します。なお、帯域幅の広い回線のことを「広帯域」や「ブロードバンド」と呼びます。

　しかし、同じ帯域の回線を利用していたとしても、利用する通信機器の規格や通信環境によって実際の速度は異なります。そこで、ネットワークの通信速度は帯域幅とは別に、実際の通信速度として1秒当たりに転送できるデータ量を表す「bps（ビーピーエス）」（bits per secondの略、日本語では「ビット毎秒」）という単位も用いられます。ビットとはデータ量の単位であり、8ビットが1バイトに相当します。バイトもデータ量の単位であり、ファイルのサイズなどを表すのに用いられます。たとえば、通常は日本語1文字あたりのデータ量は2バイトです。

　インターネット回線やLANなどの速度は通常、「Kbps（キロビーピーエス）」や「Mbps（メガビーピーエス）」の単位で表されます。1bpsの1024 倍の速度が1Kbpsであり、1Kbpsの1024 倍の速度が1Mbpsになります。

　このbps の数値が大きいほど、1秒間に転送できるデータ量が多くなるため、ネットワークの通信速度が速いことになります。たとえば、一般的なLANの通信速度は100Mbps〜1000Mbps（1Gbps）です。インターネット接続回線のひとつである「光回線」の通信速度も一般的には100Mbpsですが、近年では最大速度1Gbpsを提供するサービスも登場しています。一方、「ADSL」は速くとも50Mbps 程度で光回線の方が高速です。

#### 通信速度を決める要因

　ネットワークの通信速度はさまざまな要因で遅くなる場合があります。たとえば、100Mbpsのインターネット接続回線の場合、100Mbpsはあくまでもサービス規格上の最大値であり、実

際の通信速度はそれよりも遅くなるケースがほとんどです。

　通信速度が遅くなる主な要因として、途中に通信速度が遅い機器やネットワークがあったり、多数のユーザーが同時に利用することで混み合ったり、ノイズの混入などで通信が物理的に妨げられたりすることなどが考えられます。また、PCやネットワーク機器の処理能力が低かったり、相手のWWWサーバーにアクセスが集中したりすると、ネットワークそのものの通信速度は保たれていても、ユーザーにとっての実際の通信速度は低下します。

## ■ ダウンロード、アップロード

　「ダウンロード」とは、Webサーバーに置かれているファイルをインターネット経由でコンピューターに保存することです。

　一方、「アップロード」はダウンロードとは逆に、コンピューター内のデータをWebサーバーに転送することです。

　ダウンロードやアップロードの速度は回線の種類によって異なります。基本的に光回線は、ダウンロードとアップロードの速度が同じといわれていますが、ADSLでは、ダウンロードとアップロードの速度が非対称で、ダウンロードの方が高速です。

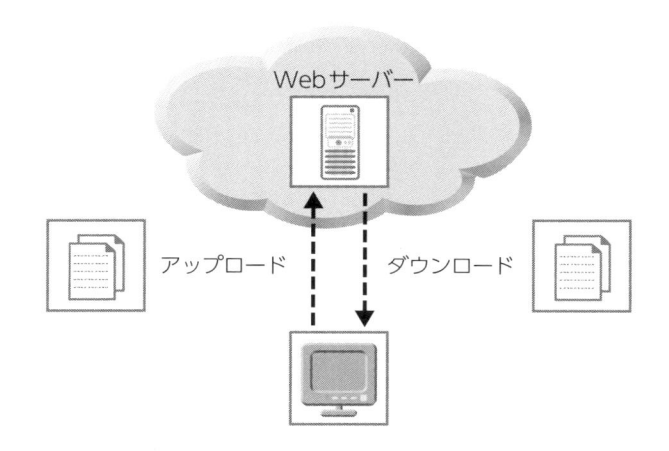

アップロード方向の通信を「上り」、ダウンロード方向の通信を「下り」と表現する場合もあります。

## ■ データのサイズの理解

　情報の量は、ビットやバイトという単位で表します。文字データの場合は1文字で1〜2バイト、写真であれば1枚で数千バイトと非常に大きな情報量を取り扱うことになります。そのため、データのサイズを表現する際には、これらの単位に接頭語と呼ばれる単位を表すアルファベットを付けて表現するのが一般的です。代表的な接頭語は次のとおりです。なお、コンピューターで

は2進数（2のべき乗）で計算するため，通常の10進数の単位とは若干異なります。

| 接頭語 | 説明 |
|---|---|
| K（キロ） | 10の3乗を表す。1Kバイトは2の10乗となり1,024バイト |
| M（メガ） | 10の6乗を表す。1Mバイトは2の20乗となり1,024Kバイト |
| G（ギガ） | 10の9乗を表す。1Gバイトは2の30乗となり1,024Mバイト |
| T（テラ） | 10の12乗を表す。1Tバイトは2の40乗となり1,024Gバイト |
| P（ペタ） | 10の15乗を表す。1Pバイトは2の50乗となり1,024Tバイト |

## 1-2-2　ストリーミング

　インターネット上のメディアファイル（動画や音楽など）を手元のPCで再生するには、「ダウンロード再生」と「ストリーミング再生」の2つの方式があります。

### ダウンロード再生

　「ダウンロード再生」は、事前にダウンロードした音楽や動画を、インターネットに接続しなくても視聴できる再生方式です。

　メディアファイルを一度ダウンロードすれば端末にファイルが保存されるので、オフライン環境でも視聴することができます。しかし、保存容量が必要となるため、スマートフォンなど保存容量が少ない機器を利用する場合にはデメリットになることもあります。

　また、長時間の動画のようにファイルサイズが極めて大きい場合には、すべてをダウンロードし終わるまで再生を始められないという点も大きなデメリットになります。

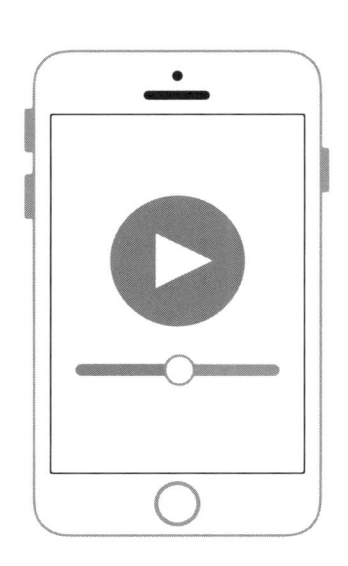

## ストリーミング再生

　「ストリーミング再生」は、インターネットに接続しながら音楽や動画が楽しめる再生方式です。

　PCなどの機器にデータが保存されないため保存容量を使わず、インターネット上のデータの転送が済んだところから再生が開始されるため、すべてのデータの転送を待たずに視聴できるのがメリットです。

　一方で、繰り返し同じファイルを視聴する場合は、その都度、データ通信を行うことがデメリットとなります。

### 動画ストリーミング

　「動画ストリーミング」は、ストリーミング技術を用いて、サーバー上に保存してある動画を視聴します。特に映画などの長時間で高画質の動画データは、ファイルサイズが大きいこともあり、すべてをダウンロードし終えてからでは再生が開始されるまでに時間がかかってしまうため、ストリーミング再生が適しています。

　ただし、帯域幅が狭い携帯電話回線や通信速度が遅い環境では、ストリーミング再生が途中で止まってしまう場合があります。その際は、再生する動画の画質を落とすことで再生を中断しないようにすることができます。一般的にストリーミング動画の画質は、1080p、720p、480pといった単位で用意されています。「p」は有効走査線の数を表しますが、動画サイズの縦方向の画素数を表すものと考えます。つまり、1080pは縦方向に画素が1080個並ぶ「フルHD」と呼ばれる画質になり、720pが「HD画質」、480pが「SD画質」と呼ばれ、現在無理なく視聴するうえで、もっとも低い画質がSD画質となっています。

　今後は通信の高速化に伴い、4K（2160p）などさらに高画質なストリーミングの普及が期待されています。

　なお、安定的に十分な帯域幅が確保できない場合は、ストリーミングではなく動画をPCやスマートフォンにダウンロードしてから視聴するようにします。ダウンロード再生はダウンロードが完全に終わらないと再生を開始できませんが、再生中は通信を必要としないため、中断することなく動画を視聴できます。

　また、自分の撮影した動画をストリーミング機能付きのクラウドサービスにアップロードすることで、外出先で閲覧したり、公開したりできます。ただし、YouTubeなど動画ストリーミングの専門サービスを除く、一般的なクラウドストレージ（OneDrive、Dropbox、GoogleDrive）では、ストリーミング機能が有料で提供されていたり、視聴環境がWindowsのみに制限されていることがあるので注意が必要です。

### ライブストリーミング

　「ライブストリーミング」は、動画データを保存せずに、カメラで動画を撮影しながらリアルタイムに配信します。撮影された動画を順次視聴者に届けるため、ストリーミング再生が適しています。ライブストリーミングは、すべての人に公開されるイメージがありますが、家族や友人な

ど一部の限定された人に公開したり、本人のみが閲覧できるように非公開にしたりできます。

なお、ライブストリーミングを配信するには、配信者側のカメラとコンピューターを接続し、コンピューター上で配信に適した動画に変換する処理が必要になり、品質の高い動画を配信するには高性能なコンピューターを用意する必要があります。また、コンピューターからライブ配信用のサーバーに動画データをアップロードする必要があるため、安定した通信回線も求められます。

スマートフォンなどの処理能力が低い機器を使って、通信速度が遅いモバイル回線を利用した配信を行う場合は、どうしても画質が悪くなったり、再生側に遅延や待ち時間が生じたりする可能性があるので注意が必要です。

## ■ 音声ストリーミング

「音声ストリーミング」は、ストリーミング技術を利用して、音楽や通話などを再生します。待ち時間が発生しない再生を実現すると同時に、ストリーミングで再生した音楽データは再生側の機器に保存されないため、スマートフォンなど保存容量が少ない機器での利用に適しています。

特に音声をその場で録音しながら配信するサービスを「ライブオーディオ」と呼びます。SNSなどで、自身の音声を大勢の人にリアルタイムに送ることができる新しいコミュニケーション方法です。

## ■ ストリーミングサービス

近年ではインターネットを介して、音声や動画を配信するサービスが増えています。「ストリーミングサービス」には、月ごとに定額を支払って利用するものや、音声コンテンツを個別に購入して利用するサービスがあり、合法的に音声や動画を視聴することが可能です。

音声ストリーミングサービスには、数千から数万といった豊富な楽曲を提供するサービスや、本を朗読した音声を提供するサービスなどがあります。代表的な音声ストリーミングサービスには、次のようなものがあります。

- AWA（アワ）
- Spotify（スポティファイ）
  など

また、動画ストリーミングサービスでは、映画、ドラマ、アニメなどの豊富な動画が提供されており、広告画面などに邪魔されることなく視聴することができます。代表的な動画ストリーミングサービスには、次のようなものがあります。

- Hulu（フールー）
- Netflix（ネットフリックス）
- U-NEXT（ユーネクスト）
  など

## 1-2-3　VoIP

　従来型の電話回線を用いた通話のほかに、インターネット技術を利用したコミュニケーション手段が普及してきています。

### ▌VoIP

　「VoIP（Voice over Internet Protocol）」とは、TCP/IPネットワークを利用して、音声通話を行うための技術です。音声をデータ化し、インターネットなどのネットワークで送受信します。

　インターネット回線を利用して通話するサービス「IP電話」に、VoIP が用いられています。電話機は固定電話と同じものを使い、電話番号は固定電話と同じ番号、または「050」から始まる番号のいずれかを使えます。

　IP電話のメリットは、通常の固定電話に比べて、遠隔地への通話や国際電話の通話料金が安価なことです。同じ通信事業者を利用しているユーザー同士なら、通話料が無料になります。

　一方、110番などの緊急通報や117番などの3桁番号のサービスが、条件によって利用できないというデメリットもあります。

　IP電話は企業の内線電話にも導入されていますが、回線はインターネットではなく、専用線など企業向けネットワークを利用する企業もあります。

chapter

02

# Webサイトの
# 閲覧
# （WWWの利用）

　インターネットを利用するサービスのうち、もっとも広く利用されているサービスの一つがWWW（World Wide Web）です。WWWは、ハイパーリンクを用いてWebサイトを相互に接続した巨大なネットワークで、さまざまな情報やWebサービスを提供しています。ここではWebサイトの閲覧について学習します。

## 2-1 Webブラウザー

Webブラウザーは、インターネット上のWebサイトを閲覧するためのアプリケーションで、「ブラウザー」ともいいます。さまざまなブラウザーが存在しますが、そのほとんどが無償で提供されています。

### 2-1-1　WWW (World Wide Web)

「WWW（World Wide Web）」は、インターネット上に公開されたWebサイトを閲覧したり、Webサイトを公開したりするサービスです。Webページの閲覧にはWebブラウザーを利用します。公開するWebサイトのデータは、WWWサーバーに保存すると、インターネット上に公開され、ハイパーリンクを利用してほかのWebサイト同士をつなぐことで、ひとつの大きなネットワークを形成します。

一般にインターネットをWWWと表現することがありますが、厳密にはインターネットはネットワークの種類のひとつで、WWWはインターネットを活用した代表的なサービスのことです。

### 2-1-2　ブラウザーの役割

ブラウザーのアドレスバーにWebページの所在地にあたる「URL」を入力すると、そのURLが示すWWWサーバーと呼ばれる公開用のサーバー内から情報を探して、該当のWebページを表示します。

ブラウザーは、「HTML」で記述されたWebページの文字、画像、ハイパーリンクなどの情報を「HTTP」というプロトコルに基づきWWWサーバーからダウンロードして解析し、人が読みやすいように表示しています。

#### ▌HTML (Hypertext Markup Language)

Webページを記述するためのマークアップ言語で、作成したファイルはHTMLファイルと呼ばれます。

「マークアップ言語」とは、文書の一部を「タグ」と呼ばれる特別な文字列で囲み、文書の構造などを記述する方式の言語のことです。HTMLは各種タグによって、文字や画像、動画、ハイパーリンクなど、Webページの内容や構造、体裁（文字の大きさやレイアウトなど）を記述します。

通常は、HTMLファイルをWWWサーバーの公開用フォルダーの配下に保存することで、WWW上に公開されて閲覧可能になります。次の表は、よく使われるHTMLタグの一例です。

| タグの例 | 説明 |
|---|---|
| \<body\>　\</body\> | 表示する本文の開始と終了を示す。 |
| \<title\>　\</title\> | タグで囲んだ文字をページのタイトルにする。ブラウザーのタブにも表示する。 |
| \<p\>　\</p\> | タグで囲んだ文字を段落にする。 |
| \<b\>　\</b\> | タグで囲んだ文字を太字にする。 |
| \<u\>　\</u\> | タグで囲んだ文字列に下線を設定する。 |
| \<li\>　\</li\> | タグで囲んだ文字列を箇条書きにする。 |
| \<a\>　\</a\> | タグで囲んだ文字列にハイパーリンクを設定する。\<a\>タグ単体では利用できないため、参照先を示す属性を付けて使用する。<br>例：\<a href="hoge.com"\>　～　\</a\> |
| \<img\> | HTMLで画像を表示する際に使用するタグ。\<img\>のうしろに画像名を示すsrc、画像の説明のalt、画像のサイズを指定するwidthやheightの属性を付けて使用する。<br>例：\<img src="sample.jpg" alt="サンプル" width=100 height=100\> |

近年は、マルチメディア対応などが強化された「HTML5」が普及しています。HTML5は、最新バージョンのHTMLで、従来のバージョンに比べてより高度で自由な表現ができるのが特長です。特に動的な情報提供や、PCとスマートフォンといった閲覧環境ごとに適した画面表示が実現しやすくなっています。

## CSS (Cascading Style Sheets)

　「CSS」とは、Webページのデザインやレイアウトなど、文書の視覚的構造を規定するための言語です。CSSは、HTMLなどのマークアップ言語の見栄えを一元管理するために利用します。

　Webサイトの体裁やデザインはHTMLでも指定できますが効率が悪いため、HTMLでは文書の論理構造だけを指定し、体裁はCSSのみが担うという形式のWebサイトが一般的になっています。

　たとえば、\<p\>タグで挟まれた文字を青文字にする場合、HTMLだけで記述をすると\<p\>タグが出てくるたびに、\<p style="color: blue;"\>のように記述する必要がありますが、CSSに"p {color: blue;} "（\<p\>タグは青文字にする）と記述しておけば、HTMLに色の指定は不要になります。

　また、CSSを変更することで、一斉に体裁を変更できるようになるため、制作時だけでなくWebサイトの更新時も効率化できます。

## HTTP (Hypertext Transfer Protocol)

　「HTTP」は、WWWサーバーとブラウザーのデータ送受信に用いられるプロトコルです。ブラウザーはHTTP での通信によって、WebページのHTML文書をWWWサーバーから取得します。

## ▌SSL (Secure Socket Layer)

「SSL」は、通信内容を第三者に解読できないようにする暗号化技術です。暗号鍵が長い（ビット数が多い）ほど、解読が困難になります。クレジットカード番号や顧客情報など、機密性の高いデータを送受信するWebサイトで用いられており、SSLのサイトは「https」と表示されますが、近年では、主要なブラウザー（Google Chrome）での警告表示の対応や、セキュリティ意識の向上と共に、Webサイト全体のSSL化（常時SSL化）が求められています。

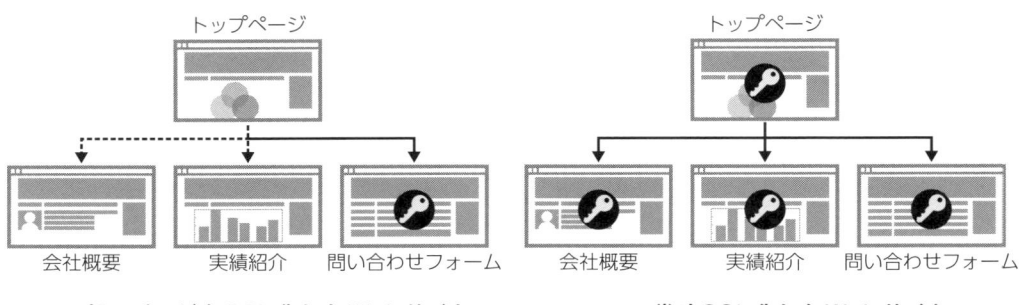

一部のページをSSL化したWebサイト　　　　　常時SSL化したWebサイト

## ▌**URL (Uniform Resource Locator)**

「URL」とは、インターネット上のWebページや各情報にアクセスするための固有のアドレスです。URLは大きく分けて、前半の「プロトコル」と後半の「ドメイン名」で構成されます。

URLの例

プロトコルが「http」の場合、そのWebページとの通信は暗号化されません。「https」の場合、通信は「SSL」によって暗号化されます。

上記のURLでは、ドメイン名のWWWサーバーで公開領域内のgoodsフォルダーにあるa01.htmlというHTMLファイルがブラウザーに表示されます。なお、URLがドメイン名までの場合は、そのうしろに「/index.html」が省略されています。通常、indexではじまるファイルは、そのフォルダー内のデフォルト（既定）ページを表し、省略することが可能になっています。

## ▌ホームページ

ブラウザー起動時に表示されるWebページを「ホームページ」または「スタートページ」と呼びます。Webサイトの入り口となるページを「トップページ」といいます。URLの末尾がドメイン名で終わる場合、通常はトップページが表示されます。

ユーザーは、ブラウザーを起動したときに最初に表示するページを設定できます。頻繁に閲覧するWebページをホームページとして設定しておくと便利です。

「ホームページ」は本来、スタートページやトップページを意味しますが、一般的にはWebページ全体を意味することもあります。

**【実習】Google Chromeでホームボタンを有効にし、IC3公式サイトをホームページに設定します。**

❗この実習には、Google Chromeを使用します。Google Chromeがない場合は、操作の手順を覚えましょう。

①Google Chromeを起動します。

②アドレスバーの右端にある［Google Chromeの設定］をクリックして、メニューの［設定］をクリックします。

③［デザイン］にある［ホームボタンを表示する］のスライダーをクリックします。

④［カスタムのウェブアドレスを入力］をクリックし、「https://ic3.odyssey-com.co.jp」を入力したら、Google Chromeを閉じます。

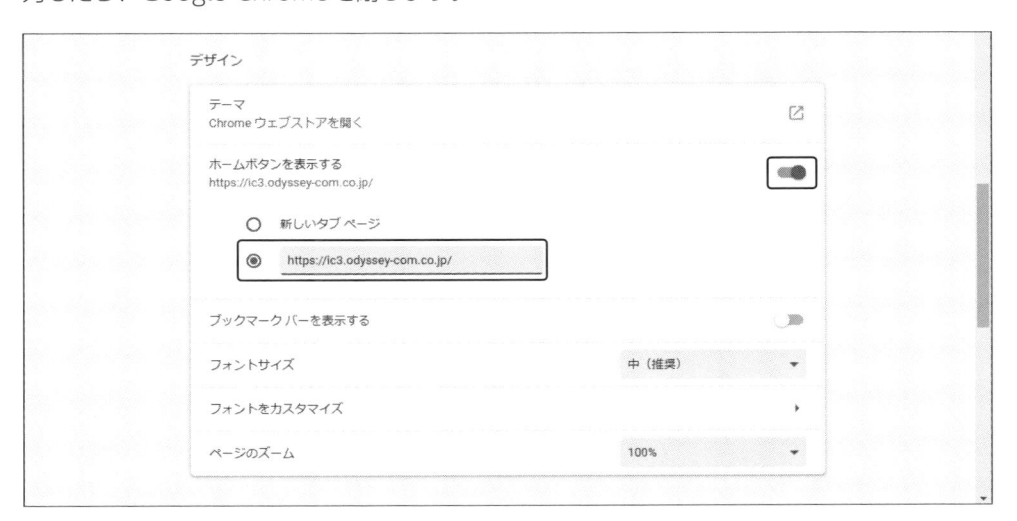

⑤再度Google Chromeを起動すると、アドレスバーの左側にホームボタンが表示されます。ホームボタンをクリックすると、IC3公式サイトが表示されます。

## ハイパーリンク

「ハイパーリンク」は、文書内に埋め込まれた、ほかの文書の位置を示す情報です。単に「リンク」と呼ばれる場合もあります。

リンクはHTML文書の文字や画像などに埋め込まれます。リンクをクリックすると、そのリンクが示すURLのWebページへ移動します。リンクは、同じWebサイト内を示すものもあれば、別のWebサイトを示すものもあります。

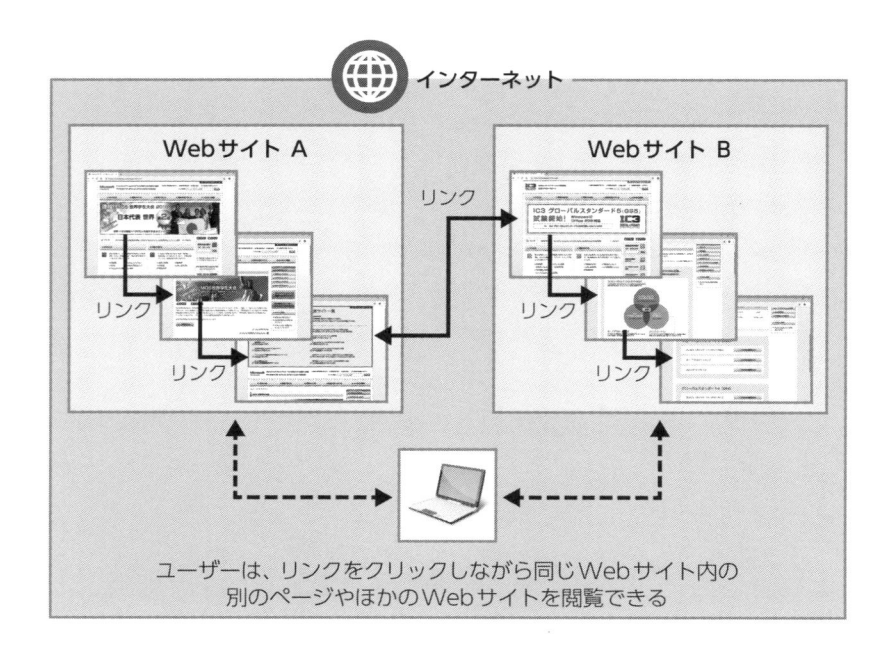

## Cookie（クッキー）

「Cookie」は、WWWサーバーがユーザーを識別するためのテキスト情報です。ユーザーごとにカスタマイズされたサービスの提供などに利用します。

Cookieを利用するWebサイトの場合、ユーザーがアクセスすると、WWWサーバーがCookieを生成し、ユーザーのブラウザーに送り、コンピューター内に保存します。次回アクセス時には、保存されているCookieをWWWサーバーに転送するというしくみでユーザーを識別します。

Cookieが有効になっていると前回のログイン情報が引き継がれ、ユーザーの利便性が高まります。一方で、複数のユーザーでコンピューターを共有している場合は、他者がログインしていたサービスを利用できてしまい不正アクセスにつながる恐れがあります。

それを防ぐため、Cookieをブロックすることもできます。ほとんどのブラウザーには、Cookieをブロックする機能が用意されています。通常、ブラウザーの詳細設定の画面からCookieの受け入れをすべてブロックするのか、あるいは特定のサイトのみをブロックするのかなどを設定できます。

## キャッシュ

「キャッシュ」とは、閲覧したWebサイトのHTMLや画像などのデータをブラウザーが一時的に保存しておくしくみです。キャッシュファイルは「インターネット一時ファイル」とも表現されます。

Webサイトのデータをコンピューター内に保管しておくことで、同じページを再度閲覧する際に、保存されたキャッシュファイルを読み込み、インターネット上からデータを転送しなおす必要がなくなり、より速くページを表示することができます。

一方で、キャッシュファイル内にエラー情報が含まれる場合には、何度そのWebサイトにアクセスしてもエラーを繰り返してしまいます。ブラウザーの［更新］ボタンからWebページを更新したり、ブラウザーからキャッシュファイルを削除したりして、最新情報を取得する必要があります。

## アドオン・プラグイン

「アドオン」とは、ブラウザーに機能を提供する小さなプログラムです。「アドイン」や「プラグイン」とも呼ばれます。動画を再生したり、PDFファイルを表示したりするなど、Webページ上のマルチメディアコンテンツを利用する際に必要となります。主なアドオンは次のとおりです。

| アドオン | 機能 |
| --- | --- |
| Adobe Reader | PDF ファイルの表示 |
| Adobe Flash Player | アニメーションやムービーの再生 |
| Windows Media Player | 音声や映像のリアルタイム再生 |
| QuickTime | 音声や映像のリアルタイム再生 |

※ Adobe Flash Playerは、2020年12月にサポートを終了する予定です。

Webページを開いた際、必要なアドオンのインストールを促すメッセージが表示されます。画面の指示に従い、ダウンロードしてインストールすれば、マルチメディアコンテンツを利用できるようになります。また、アドオンによっては、バックグラウンドでインストールされるものもあります。

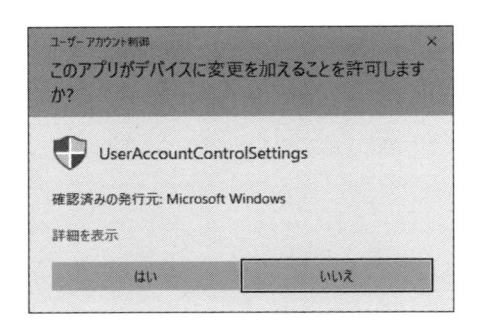

Windows10の標準ブラウザー「Microsoft Edge」では、アドオンの管理は［拡張機能］サイドバーで行います。設定項目を開くには、画面右上の［設定など］ボタンをクリックして、メニューから［拡張機能］を選択します。インストールされているアドオンを確認したり、アドオンの有効化／無効化などが行えます。

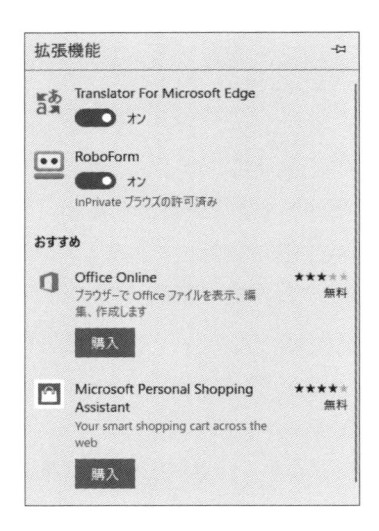

## ブラウザー上で動作するアプリ

ブラウザーは、HTML以外の言語で書かれたファイルも利用できます。そのため、Webサイトの閲覧だけでなく、アプリの動作環境としても適しており、ブラウザー上で動作する「Webアプリ」が数多く開発されています。

「Webアプリ」には業務用システムの操作画面を提供するアプリや、メールアプリ、ワープロや表計算などのOffice系アプリ、カレンダーなどの情報を管理するアプリ、動画視聴や写真編集

ができるマルチメディア系のアプリ、ゲームアプリなどがあります。主なWebアプリには、次のようなものがあります。

| Webアプリ | 特徴 |
|---|---|
| Microsoft Office Online | 簡易版のWord、ExcelなどのOfficeソフトを無料で利用できる。 |
| Google ドキュメント | 無料でWordと互換性のあるワープロソフトを利用できる。 |
| Google スプレッドシート | 無料でExcelと互換性のある表計算ソフトを利用できる。 |
| Gmail | Webメールサーバー上でメールの送受信や管理ができる。 |
| WordPress | ブログシステムの代表的なもので、ブログの閲覧だけでなく、記事の作成などの管理もブラウザー上で行うことができる。 |

## 2-1-3　ブラウザーの種類

　ブラウザーにはさまざまな種類があります。ここでは、代表的なWebブラウザーの種類と機能について確認します。

### ブラウザーの種類

　Windows10には標準のブラウザーとして、「Microsoft Edge」と「Internet Explorer」が搭載されています。同じ内容のHTMLでも、ブラウザーの種類やバージョンの違いによって、画面の表示がわずかに異なったり、利用できないサービスが生じたりする場合があります。ブラウザーの持つさまざまな機能、速さ、セキュリティなど、利用目的にあわせてブラウザーを選びましょう。代表的なブラウザーは、次のとおりです。

| ブラウザー | 特徴 | スマートフォン/タブレット端末 |
|---|---|---|
| Microsoft Edge（マイクロソフト エッジ） | Windows10標準搭載のMicrosoft（マイクロソフト）社が提供するブラウザー | Android版、iOS版に対応 |
| Internet Explorer（インターネットエクスプローラー） | Microsoft社が提供するブラウザー | なし |
| Safari（サファリ） | Apple（アップル）社が提供するブラウザー | iOS版に対応 |
| Firefox（ファイアフォックス） | Mozilla Foundation（モジラ財団）が提供するブラウザー | Android版、iOS版に対応 |
| Google Chrome（グーグル クローム） | Google（グーグル）社が提供するブラウザー | Android版、iOS版に対応 |
| Opera（オペラ） | Opera Software（オペラソフトウェア）社が提供するブラウザー | Android版、iOS版に対応 |

## 2-1-4 ブラウザーの機能

ブラウザーの基本的な機能は共通しています。ここでは、ブラウザーの基本的な機能について学習します。

### 操作画面

操作画面は多くのブラウザーで共通しています。ここではGoogle Chromeの操作画面を使用します。

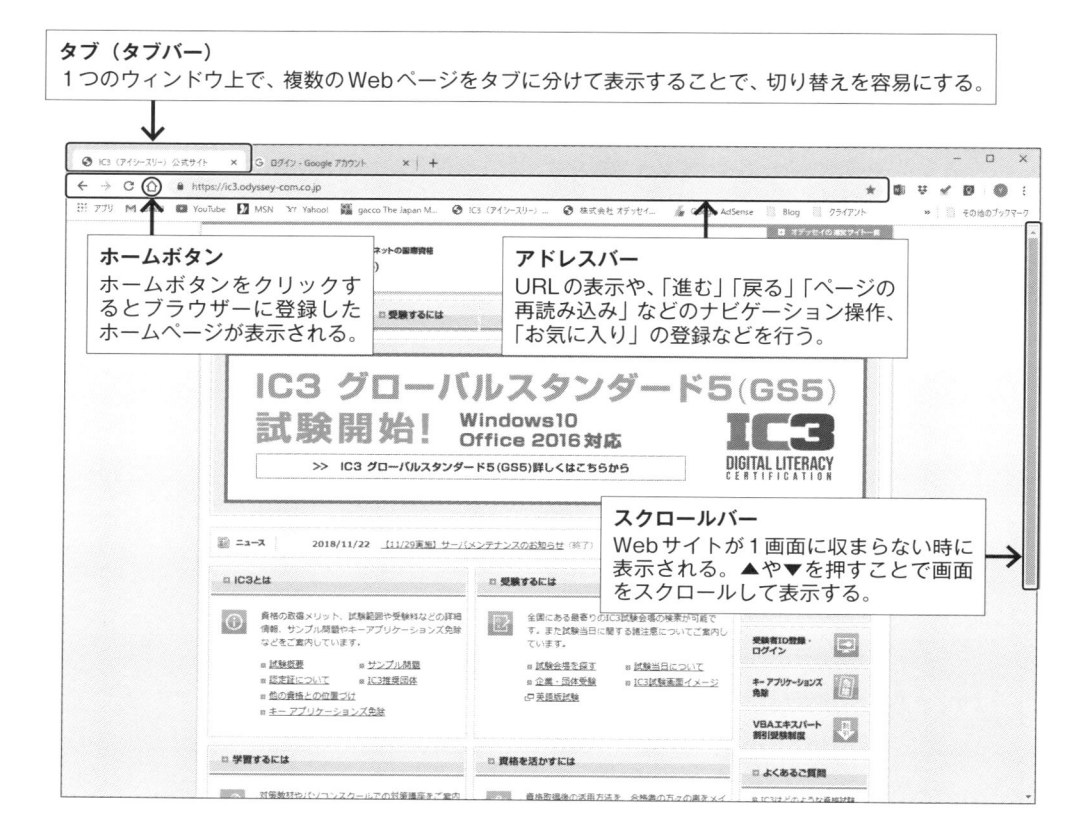

**タブ（タブバー）**
1つのウィンドウ上で、複数のWebページをタブに分けて表示することで、切り替えを容易にする。

**ホームボタン**
ホームボタンをクリックするとブラウザーに登録したホームページが表示される。

**アドレスバー**
URLの表示や、「進む」「戻る」「ページの再読み込み」などのナビゲーション操作、「お気に入り」の登録などを行う。

**スクロールバー**
Webサイトが1画面に収まらない時に表示される。▲や▼を押すことで画面をスクロールして表示する。

### 戻る、進む

リンクを利用して移動したWebページは、リンクをクリックし直さなくとも、ブラウザーの[戻る]ボタンや[進む]ボタンで行き来でき、表示したWebページを再び閲覧できます。なお、ブラウザーの既定の設定では、文字のリンクは一度クリックすると文字の色が変わります。

[戻る]ボタンまたは[進む]ボタンを右クリックすると、最近表示したWebページの一覧が表示されます。

戻る　進む

## ▌パンくずリストの利用

　階層構造のあるWebサイトでは、画面の左上などにその階層を示す「パンくずリスト」と呼ばれるナビゲーションを用意している場合があります。

トップページ ＞ 製品情報 ＞ 商品Ａ

　パンくずリストの各階層にはリンクが設定してあり、[戻る] ボタンを使わずに上階層のリストをクリックすることで、すぐに目的のページを表示できます。

# ▌ナビゲーションを利用する

　Webサイトには、サイト内の各ページへのリンクをまとめたナビゲーションバーやナビゲーションメニューと呼ばれるものが用意されています。ナビゲーションは一般的に、画面の上部、左部、右部のいずれかに表示されますが、リンク先の項目が多い一部のサイトでは、これらを組み合わせてナビゲーションを表示することもあります。特にページの階層が深くなるWebサイトでは、上部に第一階層のナビゲーション、左部に選択した第一階層の子階層を表示するサブナビゲーションなどを表示します。

　さらに、フッターと呼ばれるページの下部には、サイトの運営元の企業情報やプライバシーポリシー、問い合わせページなどへのリンクや著作権情報を用意する場合もあります。

　また、閲覧者がログインをして利用するWebサイトでは、画面の右上などわかりやすい位置にIDやパスワードを入力するログインフォームやログインページへのリンクが用意されている場合がほとんどです。

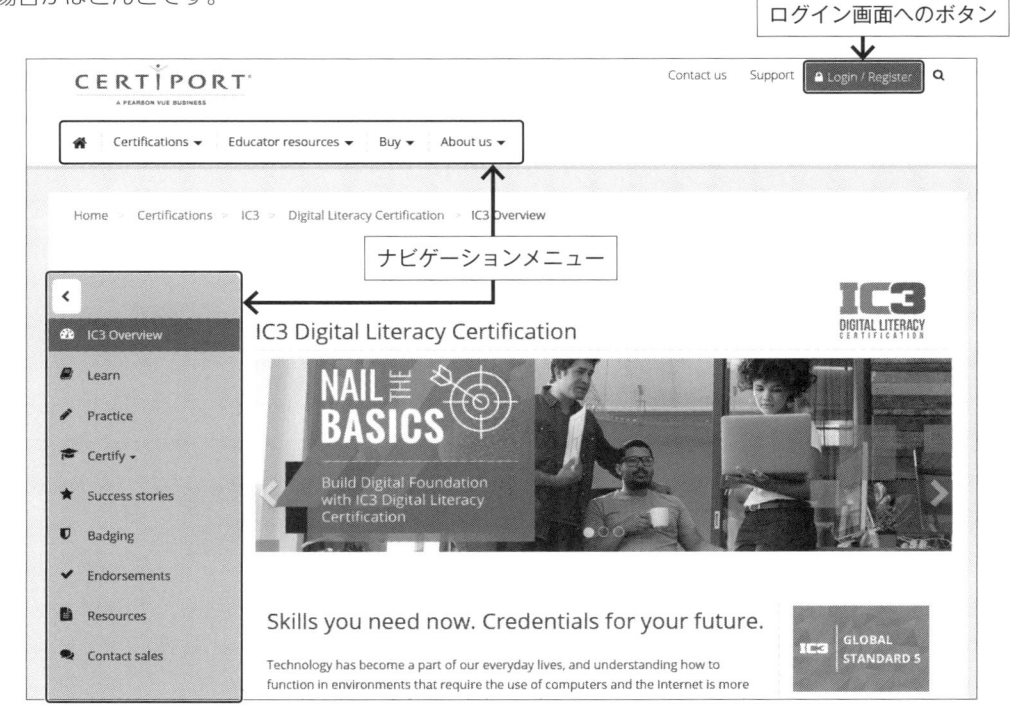

## Webページを最新の情報に更新する

ブラウザーには、一度表示したWebページのデータをコンピューター内のハードディスクに保存しておくキャッシュ（インターネット一時ファイル）という機能があります。（2-1-2参照）

Webページを表示する際に、すでにハードディスクに保存されているデータを読み込んでページを表示します。

ただし、キャッシュファイルは、ハードディスクに蓄積され、古い情報をそのまま保存している

る場合があります。ブラウザーの更新ボタンや再読み込みのボタンからWebページを更新したり、インターネット一時ファイルを削除したりすると、最新の情報に更新されたWebページを閲覧できます。

## お気に入り、ブックマーク

「お気に入り」はWebページを登録しておく機能です。「ブックマーク」と呼ばれる場合もあります。頻繁に閲覧するWebページをお気に入りに登録しておくと、毎回URLを入力したり、検索したりすることなく、お気に入りの一覧からすばやくWebページを表示できます。

### お気に入りの登録

ブラウザーで表示したWebページをお気に入りに登録できます。登録名は通常、Webページのタイトルが使われますが、変更することもできます。

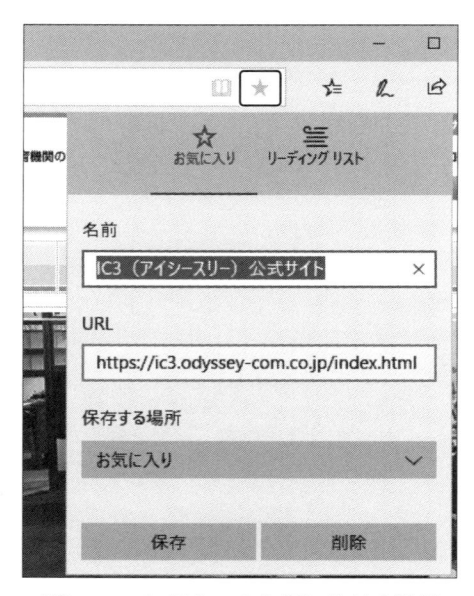

Microsoft Edgeのお気に入りの登録

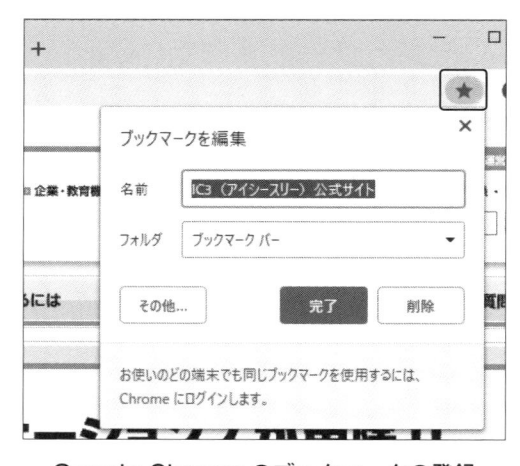

Google Chromeのブックマークの登録

## ▌お気に入りの呼び出し

　お気に入りに登録したWebページは、一覧から選ぶだけで表示できます。Microsoft Edgeでは［お気に入り］ボタンをクリックするとお気に入り登録したWebページのタイトル一覧が表示されます。Google Chromeでは［Google Chromeの設定］ボタンをクリックし、「ブックマーク」から表示します。

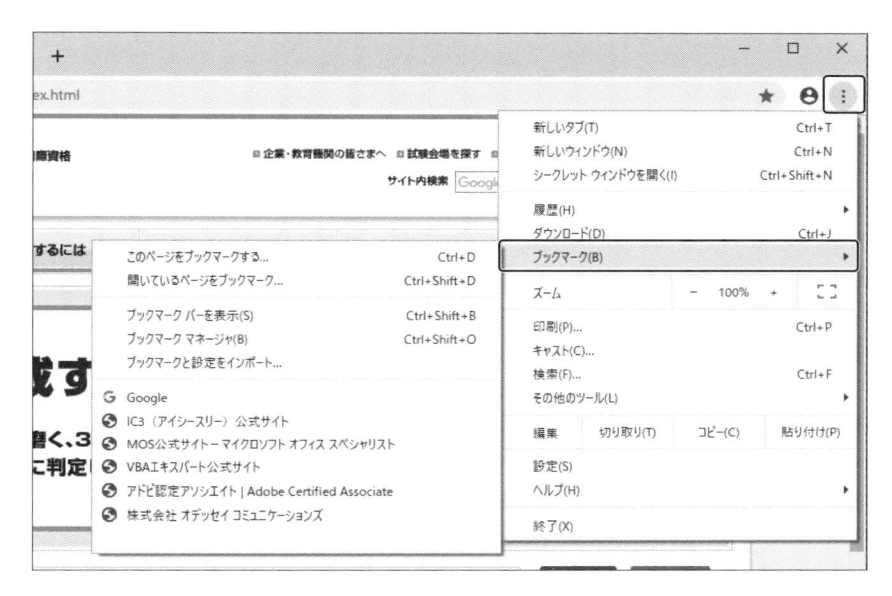

Google Chromeのお気に入り

　なお、Microsoft Edgeではブラウザーの画面に常に「お気に入り」の一覧を表示することができます。一覧を固定表示する場合は、一覧の右上にある［このウィンドウをピン留めする］ボタンをクリックすることで固定できます。

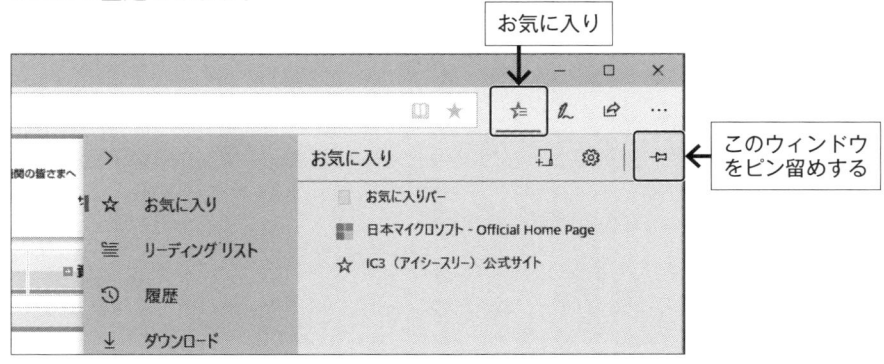

Microsoft Edgeのお気に入り

### お気に入りの削除

　登録したお気に入りは削除することができます。お気に入りを削除するには、お気に入りの一覧にあるWebページ名の上で右クリックし、表示されたサブメニューから[削除]を選択します。

### ブックマークの同期

　近年では、自宅や社内のPCだけでなく外出先でもスマートフォンやタブレットで、ブラウザーを利用してWebサイトを閲覧する機会が増えています。その際に便利なのがブックマークを同期する機能です。

　Microsoft Edge、Google Chromeなど多くのブラウザーには、お気に入りやブックマークを同期する機能が備わっています。ブラウザーにユーザーアカウントを設定することで、スマートフォンなど別の機器に同じブラウザーを導入し、自身のユーザーアカウントを設定すれば、外出先でも常に同じお気に入りやブックマークの情報を利用できるようになります。

## タブの利用

　1つのウィンドウの上で複数のWebページを表示できるブラウザーを「タブブラウザー」といいます。それぞれのWebページを表示する場所がタブになります。ブラウザーウィンドウを1つしか使わないため、デスクトップを効率的に使うことができます。

### タブを新しく開く、閉じる

　新しいタブを開くには、ブラウザー画面の上部にある[新しいタブ]([+]マーク)をクリックします。新しいタブが開くので、お気に入りなどからWebページを開いたり、アドレスバーに検索キーワードを入力したりします。同時に複数のタブを開いている場合は、目的のタブをクリックして表示を切り替えます。タブを閉じるには、タブの右端にある[X](閉じる)をクリックします。

Microsoft Edgeの新しいタブ

Google Chromeの新しいタブ

　また、Webページ内のリンクを右クリックし、表示されたメニューから[新しいタブで開く]を選択することで、新しいタブにそのページが表示されるようになります。

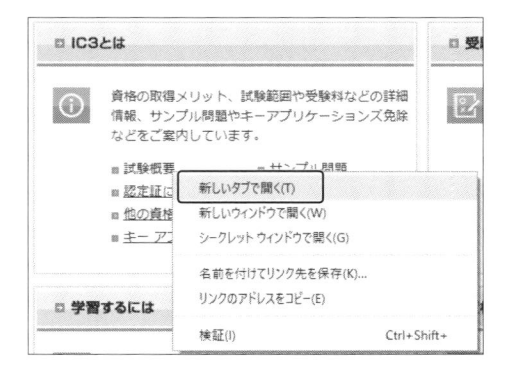

## タブを分離する

複数のWebページを比較するには、1つのウィンドウ内でタブを切り替えて表示するより、Webページを複数のウィンドウで表示して、並べて比較すると便利です。

タブごとにウィンドウを分離するには、複数のタブウィンドウのうち、いずれか1つを選択して、デスクトップにドラッグアンドドロップします。そのタブウィンドウが新しいブラウザーウィンドウとして表示されます。

また、リンクを右クリックし、表示されたメニューから［新しいウィンドウで開く］を選択することで、新規ウィンドウでページを表示することもできます。

ただし、別々のウィンドウに表示する場合、ウィンドウの数だけWebブラウザーが起動します。同時に起動しているウィンドウが多いとPCに負荷がかかるため、ウィンドウの数はあまり多くならないようにしましょう。

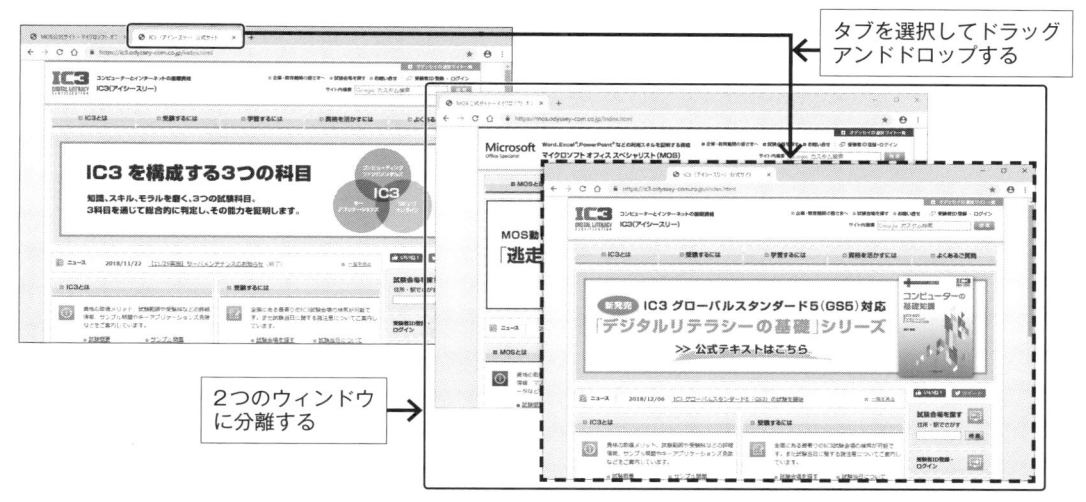

タブを選択してドラッグアンドドロップする

2つのウィンドウに分離する

## ポップアップ

閲覧しているWebページ上に、自動的に表示される小窓のことを「ポップアップ」と呼びます。入力フォームでの選択肢の表示や、広告の表示、Webアプリの起動時などで利用されます。

ポップアップは、ウィンドウとは異なりアドレスバーやスクロールバーが非表示になるものがあります。ポップアップを閉じるには、ポップアップの右端にある［X］（閉じる）をクリックします。

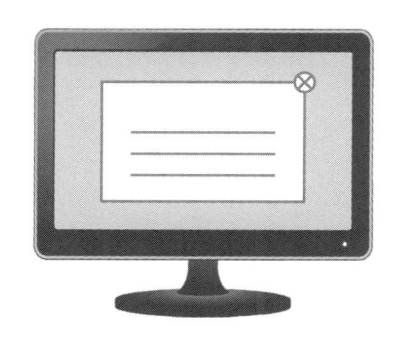

# 入力支援（オートフィル）の利用

## ログイン情報を記録する

Webページへのログインの状態はCookie（クッキー）と呼ばれるファイルで記録され、ログアウト処理をするまでや一定期間はログインした状態が維持されます。

Microsoft EdgeやGoogle Chromeなど一部のブラウザーでは、ユーザーIDとパスワードをサイトごとに記録し、再ログイン時にユーザーIDとパスワードを自動入力できる機能が備わっています。

なお、ログイン情報は他人に使われるとトラブルにつながるため、共用PCでは記録しないように気を付ける必要があります。

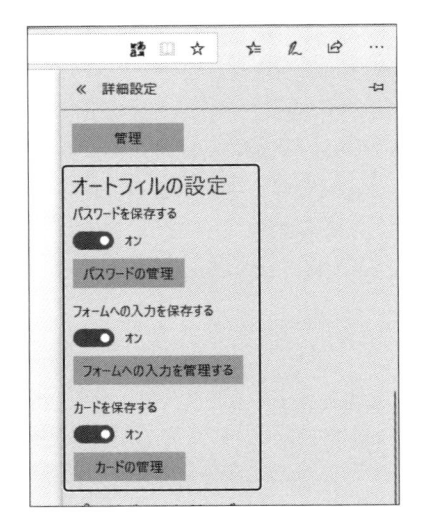

Microsoft Edge のオートフィルの設定画面

## 入力フォームの履歴を記録し自動入力を有効にする

Microsoft EdgeやGoogle Chromeなど一部のブラウザーでは、ネットショッピングなどで必要となる入力フォームにおいて、過去の入力履歴を保存し再利用することで入力を簡素化する機能があります。

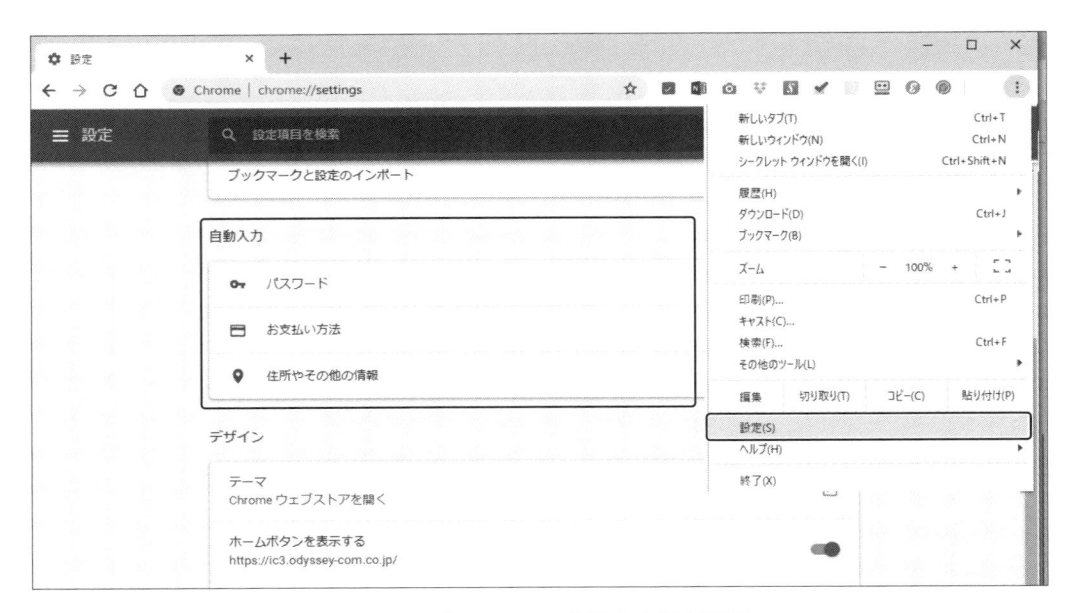

Google Chrome の自動入力設定画面

# 2-2 Webサイト利用時の メディアリテラシー

　Webサイトを適切に利用するには、利用者の基本的な操作知識が必要です。ここでは、メディアリテラシーと題して、Webサイトの利用に必要な基本的な操作方法について確認します。

## 2-2-1　Webサイト閲覧の基本操作

　PCでは、通常、マウスによってブラウザーを操作してWebサイトを閲覧します。

### マウスの利用

　マウスは、形状がネズミに似ていることからその名がついており、主にカーソルを操作するために利用される入力装置です。

　手元でマウスを動かしたときに生じる動作に応じて画面上のカーソル（矢印）が動きます。カーソルが動いた先のアイコンを指定するには、マウスの左ボタンを1回押します。この操作を「クリック」や「シングルクリック」といい、2回クリックすることを「ダブルクリック」といいます。また、マウスの右ボタンをクリックすることを「右クリック」といい、主にサブメニューを表示します。必要に応じて、マウスの左/右ボタン、ホイールなどを使い分けます。

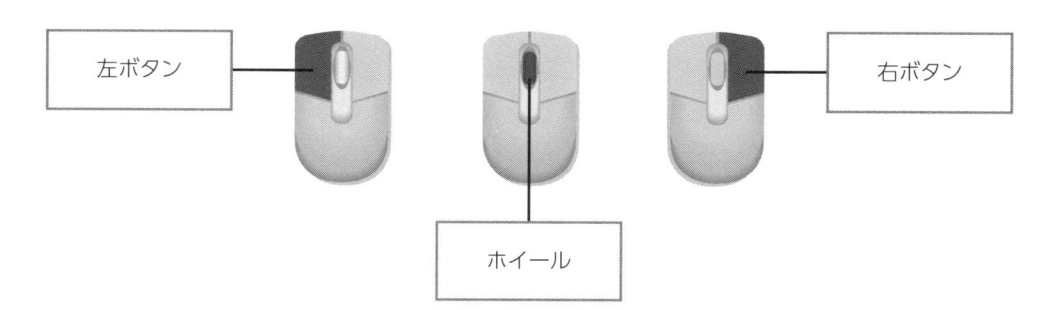

| 左ボタン | | 右ボタン |
| --- | --- | --- |

ホイール

　なお、Webサイト上にあるナビゲーションボタンなどは、マウスをボタン上に移動するとナビゲーションボタンの色やデザインが変わり、クリックできる箇所であることを示すことがあります。このようにマウスをボタン上に移動することを「マウスオーバー」といいます。

　また、ブラウザーのウィンドウの移動や拡大縮小、タブを分離する際は、マウスの左ボタンを押したままマウスを動かす「ドラッグ」という操作を行います。ドラッグは最後にボタンの指を離した（ドロップ）箇所に応じてウィンドウの大きさや位置が変わるため、「ドラッグアンドドロップ」とも呼ばれます。

## タッチパネルの利用

　近年では、スマートフォンやタブレットの普及から、タッチパネルを利用したWebサイトの閲覧も多くなっています。

　画面の操作は、マウスの代わりに指で行います。該当箇所に触れる「タップ」はクリックに相当し、ダブルクリックに相当する「ダブルタップ」、右クリックの代わりにタップした指をそのまま長押しするといった操作があります。

　また、親指と人差し指同時に画面に触れ、指先を広げたり閉じたりする「ピンチアウト」「ピンチイン」といった操作で、Webページの表示を拡大したり縮小したりすることもできます。

　「進む」「戻る」の操作は、それぞれのボタンをタップするほか、指を左右に素早くスライドさせる「フリック」という操作でも行えます。

タップ　　　　ピンチアウト　　　ピンチイン　　　フリック

## 2-2-2　検索

　Webサイトを閲覧するうえで重要なのが、適切な情報やサービスを提供するWebサイトを検索する能力です。ここでは、検索方法について確認します。

## 検索エンジン

　「検索エンジン」は、インターネット上の情報を探し出す検索システムで、「サーチエンジン」とも呼ばれます。代表的な検索エンジンに「Google検索」「Bing」などがあります。

　検索エンジンを使って、キーワードによる検索を行うと、インターネット上の膨大なWebサイトの中から、目的のWebページを探し出せます。さらに論理演算子（ブール演算子）などを用いて複数のキーワードを組み合わせれば、検索結果を効率的に絞り込めます。

国内で最も利用者が多いとされる「Yahoo! JAPAN」では、もともと独自の検索エンジンを開発していましたが、現在はGoogle検索をサイト内の検索エンジンとして組み込んで利用しています。

## 検索エンジンのタイプ

　検索エンジンには、大きく分けて「ディレクトリ型」と「ロボット型」の2つのタイプがあります。

　ディレクトリ型は、運営者の手によってWebページがカテゴリ別に分類されてデータベースに登録されるタイプです。

　ロボット型は、検索エンジンのロボットプログラムがWebページを定期的に巡回し、情報を収集してデータベースに登録するタイプです。主要な検索エンジンには、ロボット型が導入されています。

**【実習】「Bing」をGoogle Chromeの検索エンジンの既定に設定します。**

❗この実習には、Google Chromeを使用します。Google Chromeがない場合は、操作の手順を覚えましょう。

❗検索エンジンの設定方法は、下記以外の方法もありますが、本書では一般的な方法を掲載しています。

①Google Chromeを起動します。

②[Google Chromeの設定] をクリックして、[設定] を選択します。

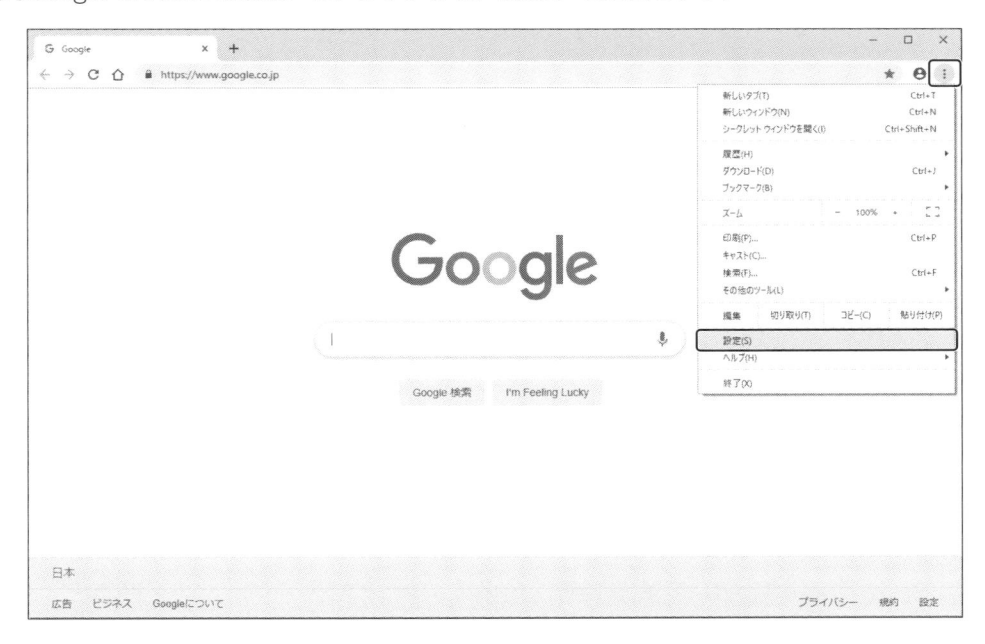

③[検索エンジン］にある［アドレスバーで使用される検索エンジン］で「Bing」を選択します。

④「設定」タブを閉じます。

## ┃キーワードによる検索

　ロボット型の検索エンジンでは、検索条件となるキーワードを検索ボックスやブラウザーのアドレスバーに入力して、Webページを検索します。

　キーワードは目的の情報に関する単語を指定します。検索エンジンは指定されたキーワードをもとに、その単語が含まれる、または関連が深いWebページを探し出し、検索結果としてタイトルとリンク、該当箇所の一部を一覧表示します。キーワードを追加すれば、検索結果が絞り込まれます。

　論理演算子（ブール演算子）を使うと、複数のキーワードの組み合わせて指定できるので、検索結果をさらに効率よく絞り込めます。インターネット検索における主な論理演算子は次のとおりです。

| 論理演算子 | 意味 | Google検索での入力例と意味 |
|---|---|---|
| AND<br>＆<br>＋（プラス）<br>スペースで区切る | すべてのキーワードを含む | ホテル AND 温泉<br>（ホテルと温泉の両方を含む） |
| OR | キーワードのいずれかひとつ、<br>またはすべてを含む | ホテル OR 温泉<br>（ホテルと温泉のいずれかひとつ、<br>または両方を含む） |
| NOT<br>－（マイナス） | キーワードを含まない | ホテル －温泉<br>（温泉を含まないホテル） |

論理演算子を使って検索するには、最初に主となる検索キーワードを入力し、次に論理演算子を使って2つめ以降のキーワードを追加します。記述する際、「AND」「&」「OR」「NOT」の前後にはスペースまたは半角スペースを入れます。「＋」「－」記号を使って検索する場合は、記号の前のみにスペースを入れます。

## 高度な検索

　検索エンジンには、論理演算子を利用したキーワード検索のほかにも、高度な検索方法が用意されています。ここでは、もっとも利用されている検索エンジンであるGoogle検索を使用し高度な検索について確認します。

### 完全に一致する文字列を検索する

　検索エンジンは通常、指定したキーワードの文字列と完全に一致しなくとも、語順や表記が似ていたり、関連する文字列が含まれていたりするWebページを検索結果に表示します。キーワードと完全に一致する文字列を含むWebページのみを検索するには、キーワードを「"」（ダブルクォーテーション）で囲んで指定します。

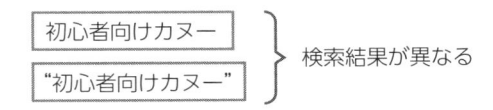

初心者向けカヌー
"初心者向けカヌー"
}　検索結果が異なる

### 検索ツールや検索設定を利用する

　検索エンジンに用意されている高度な検索ツールを利用すると、論理演算子を入力しなくても複雑な条件で検索できます。

　「検索ツール」では、検索対象となるWebサイトの言語設定（日本語ページのみ）や情報の公開日（24時間以内、1年以内など）などが設定できます。

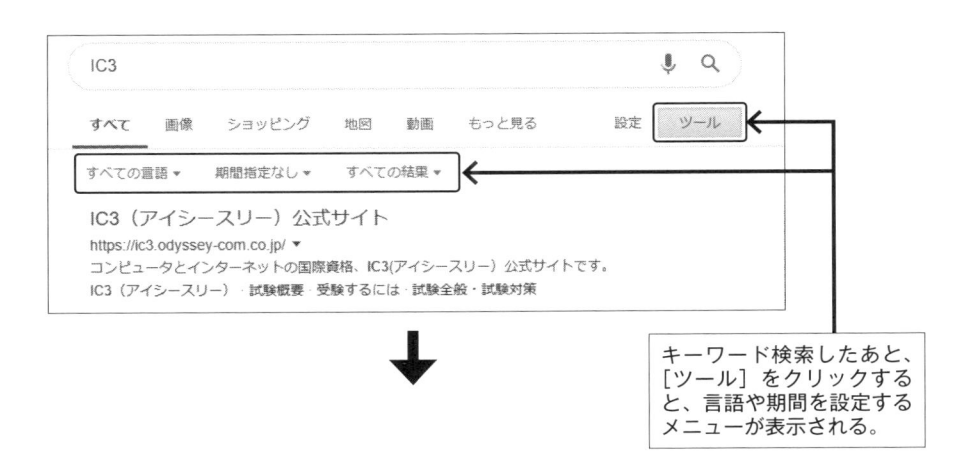

キーワード検索したあと、[ツール]をクリックすると、言語や期間を設定するメニューが表示される。

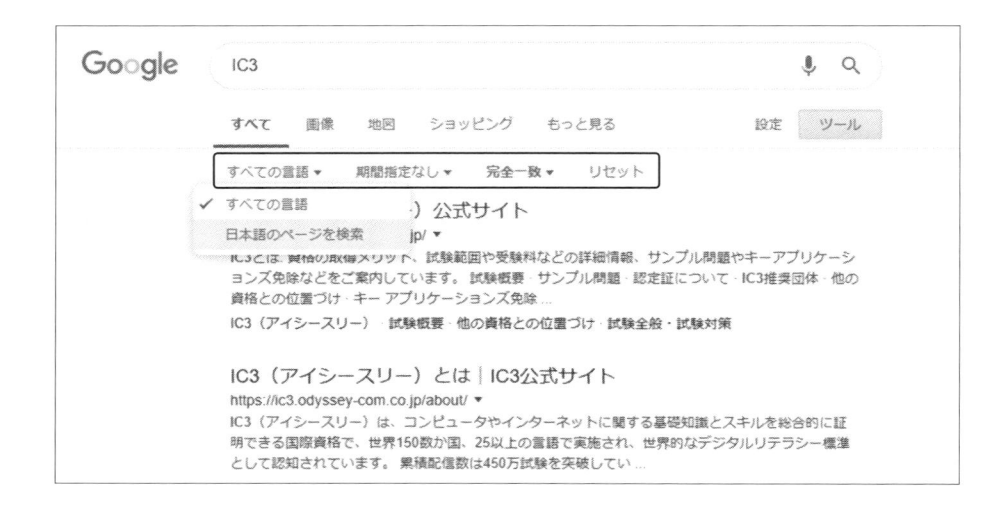

また、「検索設定」を利用すれば、不適切なサイトを検索結果に表示しない「セーフサーチフィルタ」の設定をすることができます。

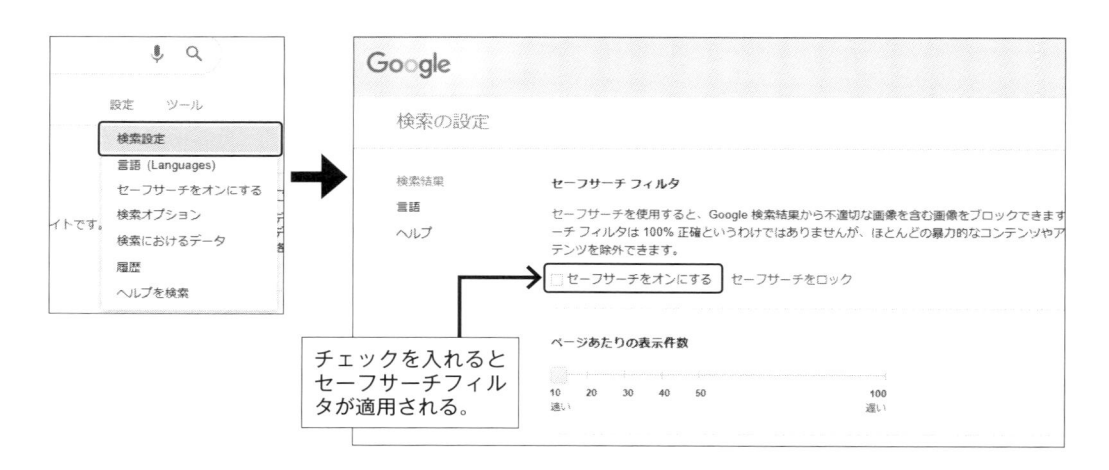

チェックを入れると
セーフサーチフィル
タが適用される。

Google検索で検索ツールや検索設定を利用するには、検索結果画面の検索ボックスの下に表示される［設定］や［ツール］ボタンを選択します。

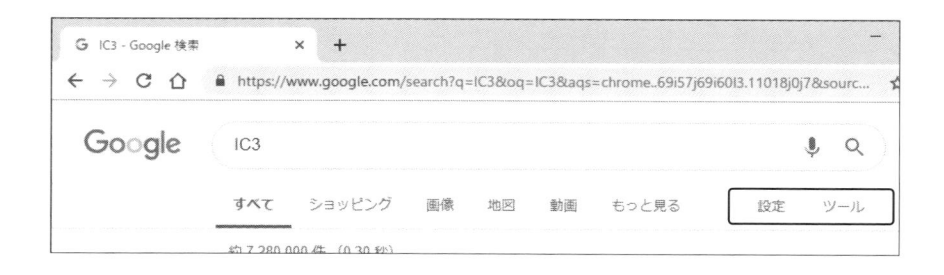

このほかにも、自分のこれまでの閲覧履歴をもとに検索結果を最適化する「プライベート検索」などの設定ができます。

## 検索オプションを利用する

Googleには、検索ツールよりもさらに高度な検索を行うことができる「検索オプション」も用意されています。

検索オプションでは、検索ツールの機能のほかに、除外するキーワードや検索の対象（タイトルのみなど）、ファイル形式（画像ファイル、Word、Excel、PDFなど）を指定することができます。

「検索オプション」画面を表示するには、次の3つの方法があります。

- Google検索のトップ画面「https://www.google.co.jp」の右下にある[設定]から[検索オプション]を選択する方法
- 検索ボックスにキーワードを入力して、検索結果画面の上に表示される［設定］から［検索オプション］を表示する方法
- ブラウザーのアドレスバーに「https://google.co.jp/advanced_search」と入力して、直接「検索オプション」画面を表示する方法

## 検索ボックスの入力支援を利用する

ブラウザーには、キーワードを入力すると、その一部から検索ワードの候補を入力したり、そのキーワードと組み合わせる別のキーワードの候補などを自動的に入力する支援機能があります。

また、Microsoft Edgeには過去の閲覧履歴などをもとに、ユーザーごとにおすすめのサイトを表示する機能も搭載されています。

# 検索対象のジャンル指定

検索エンジンでは、検索対象のジャンルを指定できます。

検索フォームの上部や下部に表示される対象ジャンル（すべて、地図、ニュース、ショッピング、画像など）を指定して検索したり、検索結果を表示したあとで、画面に表示されているジャンルをクリックしたりすることで、そのジャンルに合った検索を行えます。

例えば、『IC3』と検索した場合、ジャンルを「ショッピング」に指定するとIC3関連書籍や、同名のほかの商品が表示されます。

# 画像の検索

検索ジャンルで「画像」を選択すると、インターネットで公開されている画像の中から、指定したキーワードに関連した画像を検索できます。検索結果には、関連する画像の縮小版である「サムネイル」が一覧で表示されます。画像検索は、写真やイラストを探す場合に便利な機能です。

検索された画像をクリックすると拡大表示され、画像が掲載されているWebページへのリンクや類似画像の一覧などが表示されます。

Google検索で画像を検索すると、検索した画像の上部にタグが表示されます。表示されたタグのいずれかをクリックすると、さらに条件が絞り込まれた画像が表示されます。

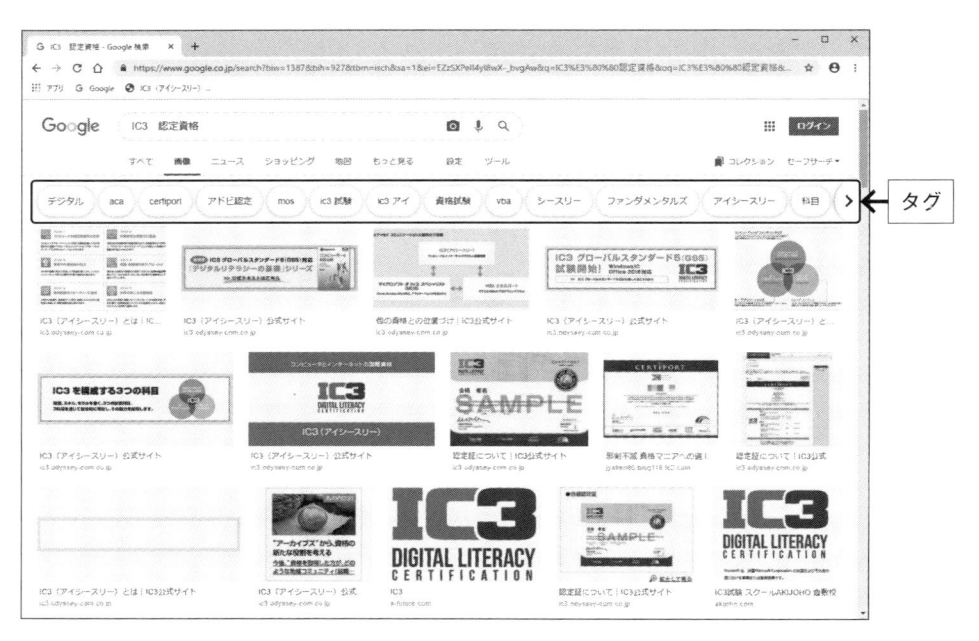

タグ

「IC3 認定資格」の画像検索の結果

## ▎画像ファイルの絞り込み

画像検索の結果画面で検索ツールを表示すると、画像のサイズや色、ライセンス、種類（写真、線画など）から検索結果を絞り込むことができます。

さらに、検索オプションを使用すれば、「ファイル形式」（JPG、GIF、PNGなど）も選ぶことができます。なお、既定ではすべての形式が検索対象になります。

**【実習】Google を使用して、400万画素以上の「富士山」の画像を検索します。**

！この実習には、Google Chrome を使用します。Google Chrome がない場合は、操作の手順を覚えましょう。

①「Google」のトップページを開き、画面右上にある［画像］をクリックします。

②検索ボックスに『富士山』を入力して、[検索] ボタン（虫メガネのマーク）をクリックします。

　※検索する文字列を入力したら [Enter] キーを押しても検索を実行できます。

③検索ボックスの下にある [ツール] をクリックします。

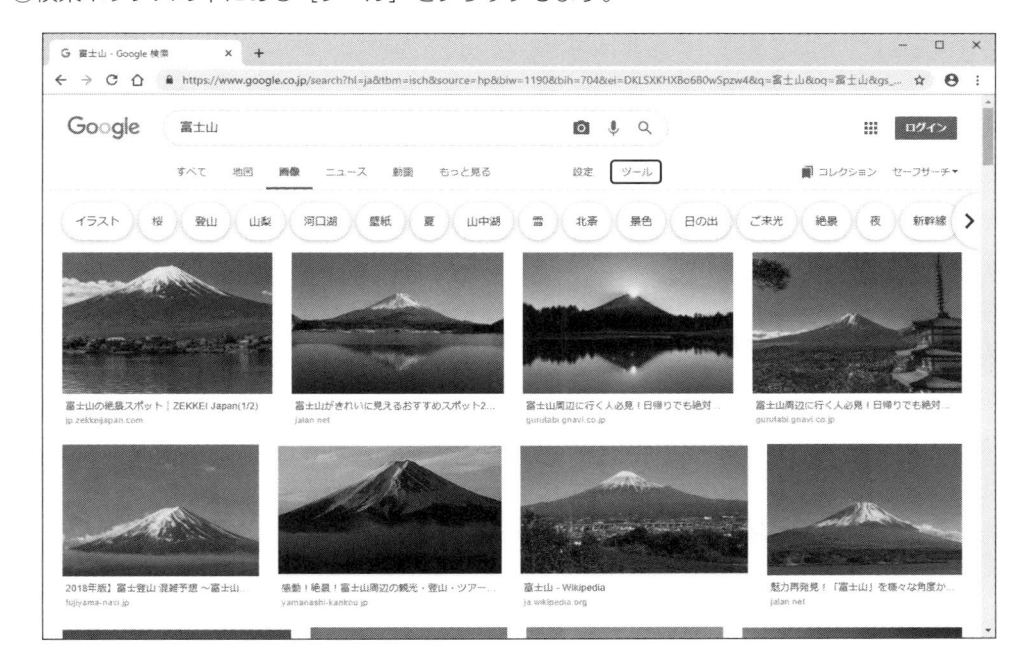

④検索ツールが表示されたらメニューの [サイズ▼] をクリックして、[最小サイズ] をポイントし、[400万画素（2272×1704)] をクリックします。

⑤400万画素以上の画像のみが検索結果の画面に表示されます。

## 動画の検索

検索エンジンでは、ジャンルを動画に指定することで動画の検索も可能ですが、動画については検索エンジンを使うよりも専門のWebサイトを利用した方が、目的のものを効率的に探すことができます。

Googleが運営している動画サイト「YouTube」では、キーワード検索のほかに、動画視聴時や視聴後に関連動画を表示するなどの工夫がされています。

YouTubeで動画を検索すると、検索結果画面の左上に「フィルタ」ボタンが表示されます。ボタンをクリックすると、アップロード日や時間、特徴（ライブ、4K・HDなど）による絞り込みのほかに、アップロード日や視聴回数、評価などをもとにした並べ替えも行うことができます。

## ハッシュタグによる検索

動画共有サイトやTwitter（ツイッター）、Instagram（インスタグラム）などのコミュニケーションサービスなどでは、投稿者が自身の動画や投稿に付ける「ハッシュタグ」と呼ばれるキーワード検索も行うことができます。

多くの人と共通するハッシュタグが利用されている場合、関連する動画や投稿を一覧で確認することができ便利です。

## 2-2-3　情報ソースの評価

インターネット上で公開されている情報の提供者は、企業や団体、個人などさまざまです。

公開されている情報はすべて信頼できる有益なものばかりではなく、中には真実とは異なる情報や、社会倫理に反する情報も混在しています。インターネットで得た情報は、適切性や信頼性、妥当性、偏りなどの基準から、ユーザーが自ら評価して利用しなければなりません。

## 適切性

「情報を収集する目的」と「情報源の性質」の両者を理解したうえで、収集した情報を検討し、活用に値するか判断します。次のような順で、活用に適した情報を得られる可能性が高いといえます。

### (1) 行政機関のサイトや学術サイト

公共性や専門性の高い情報源からは、信頼性の高い情報が得られます。

### (2) インターネット上の編集可能な文書群 (Wiki)

多くのユーザーによって、さまざまな情報の中から価値ある情報だけが残るしくみがあります。継続的改善によって形成された情報からは、活用に適した情報を得られる可能性が高いといえます。

## (3) 専門性の高い個人のWebサイト

個人のWebサイトであっても、実績のある専門家など社会的に信頼されている人物のWebサイトやブログからは、有益な情報が得られることがあります。

## 信頼性

正確な情報を提供しているか、情報の信頼性を判断します。Webサイトの所有者、コンテンツの提供者の背景や知識なども、情報の信頼性に大きな影響を及ぼします。

- Webサイトの所有者（発信元）の経歴が明記され、かつ、コミュニケーションをとるための連絡先が明記されているか確認する
- 掲載されている情報の根拠、転載・引用されている情報の出典元などが明記されているか確認する
- 専門知識を要する内容に関する情報は、専門家やその分野の企業や団体が提供しているか確認する

## 妥当性

同じ情報が、ほかの信頼できる情報源からも確認できるかどうかを調査します。確認できる情報源の数が多いほど、その情報の妥当性は高くなります。また、新聞や書籍、雑誌など、インターネット以外の情報源からも、同様の情報が確認できるか調査します。

## 情報の偏り

情報がWebサイトの所有者の考え方（商業的、政治的など）に偏らず、中立的な立場で提供されているか、掲載内容を分析したり、所有者の立場や経歴を調べたりして検証します。加えて、同様の情報が提供されているほかのWebサイトと比較して、中立性を確認します。

## Webサイトの運営情報

情報源となるWebサイトが適切に運営されているか、主に次の観点で確認します。

- Webサイトの情報が古くないか、更新日の記載などを確認する
- Webサイト内のリンクが切れていたり、リンク先が間違っていたりしないかなど、正常に機能しているか確認する
- リンクの設定がそのWebサイト内だけで構成されているのか、それとも外部のWebサイトへも設定しているのか確認する。ほかのWebサイトへのリンクが設定されていると、偏りが少ない情報を収集できる
- 検索エンジンによる検索ランキング（表示順位）を確認する。順位が高いほど、より有益な情報が提供されていると判断できる

## 2-2-4 コンテンツ作成に伴う責任

インターネットから取得した情報を用いつつ、自分のWebサイトやソーシャルメディア上で
コンテンツを作成して情報を発信したり、コミュニケーションをとったりする際は、他者を尊重
し、目的に合った適切なコンテンツを作成する必要があります。

そのためには、次のような点に注意しましょう。

- 信頼性のある情報を選別し、誤解のない表現となるよう注意する。情報の出典（URLや書籍
  名など）は具体的に明記する
- 意見を掲載する場合は、十分に裏付けのある内容かどうか、論理的に無理がないかを確認し、
  根拠が明確であることも記載する
- 私的なコンテンツの作成では、対象となる受け手に理解され、不快な印象を与えない内容や
  表現になっているかどうかを十分に確認する
- 自分や他人のプライバシーを侵害する内容になっていないか確認する
- 自分のブログやWebサイト内で、ある特定の情報を入手した場合、そのリンク先を掲載す
  ることで、常に新しい情報を発信する

chapter

# 03

# テキスト
# メッセージの
# 利用

　インターネットを利用したコミュニケーションの中心は、今も昔もテキストメッセージです。

　インターネット普及期から利用されている電子メールやSMS、不特定多数の人と交流ができる掲示板、グループまたは1対1のコミュニケーションをカバーするチャットやインスタントメッセージなど、さまざまなテキストメッセージサービスが利用されています。

　ここでは、テキストメッセージの特徴と利用方法について学習します。

# 3-1 電子メールの利用

インターネット上でのコミュニケーションの中心的な役割を担ってきたのが電子メールです。今も広く利用されていますが、一方で新たなテキストメッセージサービスが次々に生まれ普及しています。そのため、これらの特徴を改めて理解し、状況に合わせたツールの使い分けが求められています。改めて電子メールについて理解を深めることで、より快適なコミュニケーションを実現しましょう。ここでは、電子メールの基本について確認します。

## 3-1-1 電子メールの特徴

### 電子メールの特徴

電子メールには、電話や手紙などの従来の遠隔コミュニケーション手段と3つの大きな違いがあります。

1つめの特徴は、時間的な制約がない点です。メールの送信者は好きな時にメールを送信でき、受信者は自分の都合に合わせて内容を確認し返信できます。従来の電話では、原則として相手が同じタイミングで電話に出られる状況でないとコミュニケーションが成立しませんでした。そのため、相手の状況を加味するという時間的な制約がありましたが、電子メールの登場により、その制約から解放されることになりました。

2つめの特徴は、蓄積と検索性です。電話でも留守番電話という記録機能はありますが、電子メールは比較にならないほどの大量の履歴を保持し、必要に応じてキーワードなどで履歴を検索して再確認することができます。

3つめの特徴は即時性です。従来型のテキストメッセージの代表は手紙ですが、手紙を物理的に運ぶ時間が必要で、手紙を送ってから相手に届くまでには1日以上の時間がかかります。即時性のあるFAX（ファクシミリ）という手段も普及しましたが、電子メールの登場以降は、検索性の良さとコスト面に優れた電子メールに多くの役割を引き継いだ状況にあります。

一方で、電子メールの利用には、通信環境の用意とメールアドレスの取得やメールソフトの設定、送受信操作のリテラシーが求められます。電子メールの利点を得ながら、コミュニケーションを実現するには、さまざま準備や電子メールの利用方法を理解しなければなりません。

## 3-1-2 電子メールのプラットフォームと設定

### 電子メールのプラットフォーム

電子メールは、送信者と受信者のコンピューター間で直接メッセージのやり取りをしているわけではなく、両者の間に「メールサーバー」と呼ばれるコンピューターが介在します。

メールサーバーは、利用するメールアドレスのドメインごとに用意されています。たとえばGmailを利用する場合は、Google社のGmailサーバー、携帯電話キャリアのメールアドレスを利用する場合は、携帯通信事業者が用意するメールサーバーを利用します。

電子メールを利用するには、デスクトップアプリケーション（アプリ）をPCやスマートフォンに導入して利用する方法と、ブラウザーを使用してメールの閲覧、送受信などを管理する「Webメール」という方法があります。

### デスクトップアプリ（電子メールソフト）でのメールの送受信

デスクトップアプリを利用したメール送受信の流れは次のとおりです。

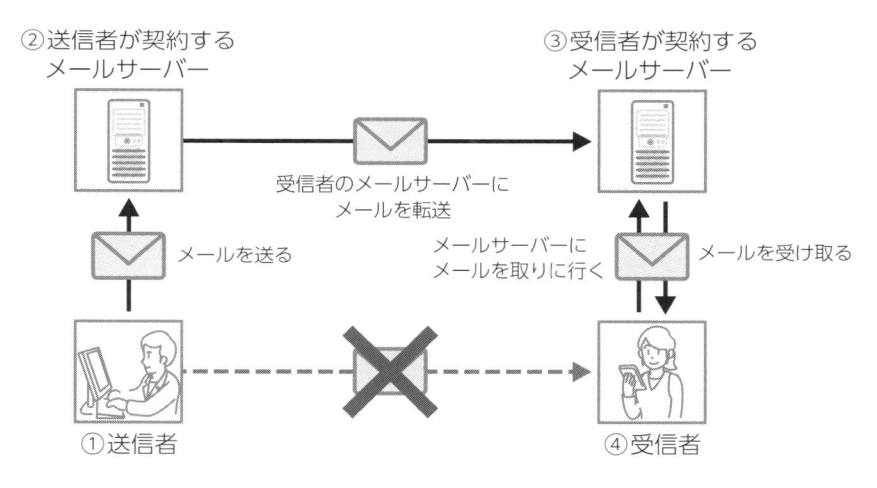

②送信者が契約する
メールサーバー

③受信者が契約する
メールサーバー

受信者のメールサーバーに
メールを転送

メールを送る

メールサーバーに
メールを取りに行く

メールを受け取る

①送信者

④受信者

**デスクトップアプリのメールの送受信の流れ**

①送信者：送信者のコンピューターでメールを作成し送信する

②送信者が契約するメールサーバー：メールが送信者の契約するメールサーバーに転送される

③受信者が契約するメールサーバー：宛先情報をもとに受信者が契約するメールサーバーにメールが転送される

④受信者：受信者は受信者のメールサーバーからコンピューターにメールをダウンロードする

このように、通常デスクトップアプリを利用したメールの送受信では、メールはコンピューター上にダウンロードされて保存します。また送信メールもコンピューター上で作成してから送信し、その履歴もコンピューター上に残ります。そのため、コンピューターがインターネットに

接続していないオフライン状態でも履歴を確認することができます。また、電子メールソフトを利用すると、複数の電子メールのアカウントIDとパスワードを記録して一元管理しやすいメリットもあります。

　一方で、ほかのコンピューターやスマートフォンからは履歴を確認することができません。受信メールのダウンロード後もメールサーバーにコピーを残す設定をアプリ側にしておけば、ほかのコンピューターでも受信しなおすことができます。

　代表的なデスクトップアプリは、Microsoft Office に含まれる「Outlook」です。また、Windows10やスマートフォンには、「メール」アプリが標準で用意されています。

## ■ Webメールの送受信

　Webメールを利用したメール送受信の流れは次のとおりです。

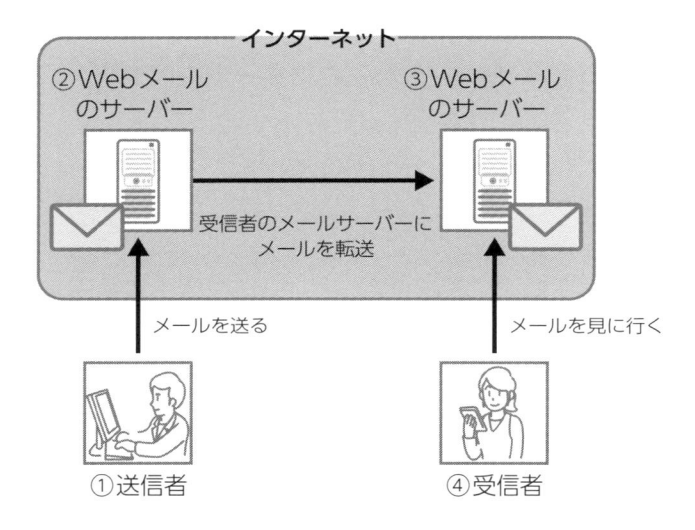

①送信者：送信者がブラウザーでWebメールサービスにログインする

②Webメールのサーバー：ログイン後に表示された操作画面でメールを作成し送信する

③Webメールのサーバー：宛先情報をもとに受信者が利用するWebメールのサーバーにメールが転送される

④受信者：受信者はブラウザーでWebメールサービスにログインし、受信したメールを確認する

　このように、Webメールは送受信する双方が、メールサーバーにアクセスすることでメールを操作します。

　原則として、Webメールはコンピューターにダウンロードしないため、インターネット接続さえあれば、いつでも、どのPCやスマートフォンからでもメールサーバーにアクセスして送受信の履歴を確認することができるというメリットがあります。

　一方で、オフラインの状態では、メールサーバーにアクセスできないため、過去の送受信履歴を確認できないというデメリットもあります。また、IDやパスワードの流出、不正アクセスなど

によるなりすましといった危険性は、デスクトップアプリに比べて高くなるので注意が必要です。

　代表的なWebメールには、Google社のGmail、Microsoft社のOutlook.com、Yahoo! JapanのYahoo!メールがあり、無料で電子メールアカウントを取得できます。また、これらのWebメールの多くが、スマートフォン用のアプリを提供しており、メール専用アプリと同じ感覚で利用できるようになっています。

　なお、Webメールにも、元になる電子メールアカウントに対して複数のメールアドレスを設定する「メールエイリアス」という機能があります。エイリアスには「別名」という意味があり、このメールエイリアスは、元になるメールアドレスに別名でメールアドレスを持たせるしくみです。

　たとえば、「user1@hoge.com」という元のメールアカウントに、「user1_business@hoge.com」といったメールエイリアスを持たせると、user1_business@hoge.comに送られてきたメールは、「user1@hoge.com」で受信できます。メールエイリアスの機能を利用すれば、1つのメールアカウントで、プライベート用と仕事用のメールを分けて管理することも可能です。

## ▌電子メールアカウントの設定

　電子メールの設定の基本である「ユーザー名」と「アカウント」について学習します。なお本書では、電子メールサービス「Gmail」を使用して解説します。

### ▌ユーザー名

　電子メールの「ユーザー名」は、電子メールを利用するユーザーの名前です。「メールアカウント名」とも呼ばれます。ISPや社内ネットワークの管理者から割り当てられた名前を使います。

　メールアドレスは「ユーザー名＠ドメイン名」の形式になります。Gmailでアカウントを作成すると、Google社より発行される「Googleアカウント」、Microsoft社のOutlook.comでは「Microsoftアカウント」のメールアドレスが割り当てられます。

電子メールアカウントの例

### ▌パスワード

　「パスワード」は、メールアドレスを利用するために必要な文字列で、メールアドレスとセットになっています。ISPや社内ネットワークの管理者から割り当てられたパスワードを使いますが、Webメールでは、通常アカウントを作成するときに自分で設定します。

メールを利用する場合は、ユーザー名とパスワードを入力してログイン（サインイン）する必要があります。GmailなどのWebメールでは、メールアドレス（またはユーザー名）とパスワードを入力するケースが一般的です。

## 3-1-3 電子メールの送信

電子メールを送信するには、メッセージの作成画面で宛先となる相手のメールアドレス、件名や本文を入力してメッセージを作成します。CC、BCC、添付ファイルも必要に応じて設定します。また、宛先はアドレス帳から選んで設定することも可能です。受信メールに対しては返信や全員に返信、転送ができます。

### 電子メールの作成

電子メールのメッセージの画面には、次のような要素があります。

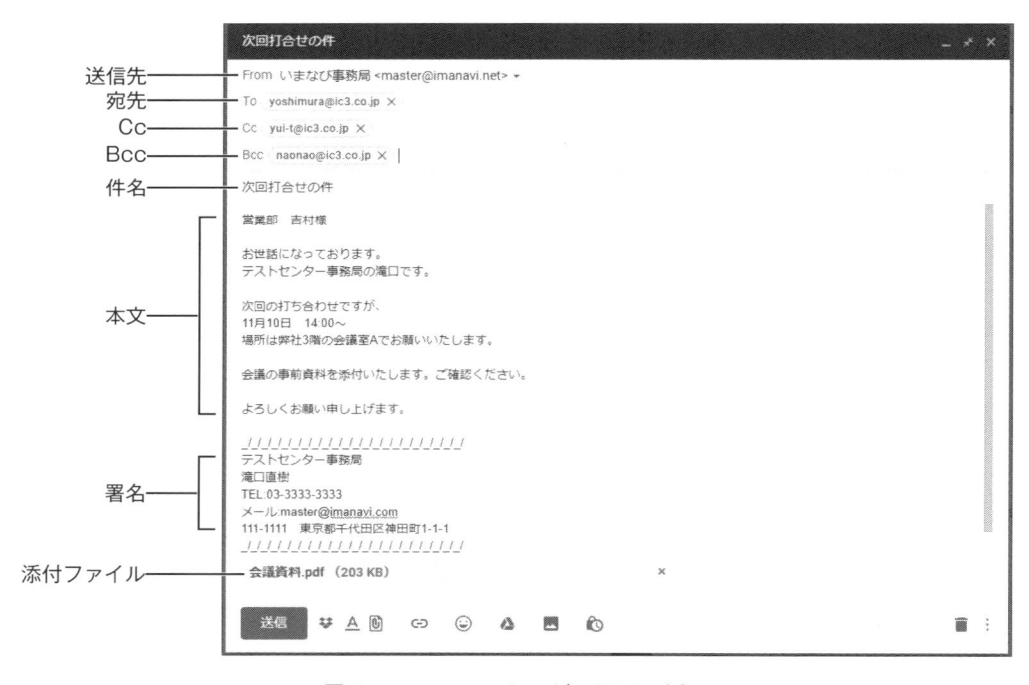

電子メールのメッセージの画面の例

### 件名

「件名」は、メッセージの内容を簡潔に表すタイトルです。受信した相手の受信ボックスの一覧に件名が表示されます。メールの用件が把握できるようなわかりやすい件名にするのが望ましいです。

なお、電子メールには「メールヘッダー」と呼ばれる情報が書き込まれています。メールの前面には表示されていませんが、メールの件名、送信先メールアドレス、送信元メールアドレス、送信日時、配信経路、経由したサーバーなどの詳細な情報を確認することができます。

## ▌本文

　「本文」には、メールで伝えたい内容を入力します。特に決まった形式はありませんが、相手の名前、自分の名前は最低限の情報として入力します。通常のメールソフトやサービスでは、本文にURLを入力すると、自動でリンクが貼られます。

> メール本文は大きく分けて、テキスト形式とHTML形式の2種類があります。HTML形式は文字のサイズや色を変えたり、画像を埋め込んだりできます。HTMLは見た目が美しくなるなどのメリットがありますが、その一方でメールが重くなったり、セキュリティが低下したりするなどのデメリットもあります。テキスト形式は、文字の書式スタイルがサポートされないテキストのみの形式です。

## ▌署名

　「署名」とは、名前、住所、会社名、所属、電話番号、メールアドレス、URLなど、名刺代わりになるような情報のことです。一般的な電子メールソフトやサービスには、署名を登録する機能があります。

　署名を登録しておくと、メールを新規作成したときや返信メールを送信する際に自動的にメールの本文の最後に署名を追加できます。署名は複数の種類を設定でき、既定の署名を自動で挿入したり、相手に応じて署名を変更したりできます。

　Gmailで署名を設定するには、[受信トレイ]の右上にある[設定]（歯車のマーク）をクリックし、表示されるメニューから[設定]を選択します。次に[全般]タブの「署名」欄で、[署名なし]の下にあるオプションボタンをオンにして、署名のボックスに署名として表示する文字列を入力します。メールエイリアスを持っている場合、[署名なし]の下のオプションボタンの右側には、ドロップリストが表示され、送信用のメールアドレスを選択できるようになります。「設定」画面の下部にある[変更を保存]ボタンをクリックして設定内容を有効にします。

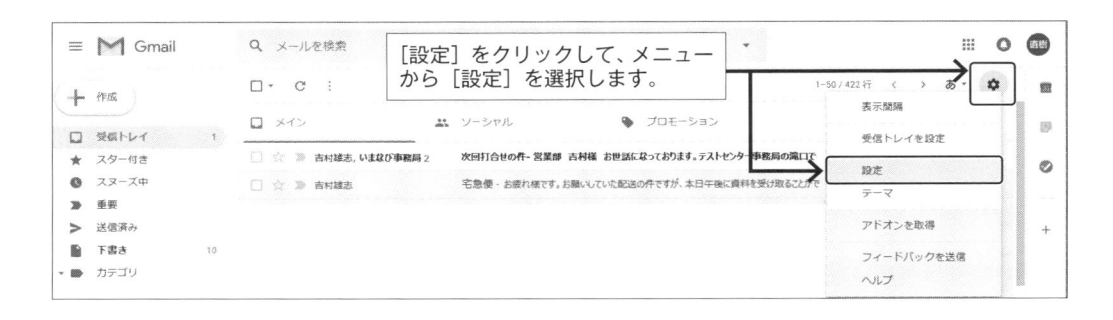

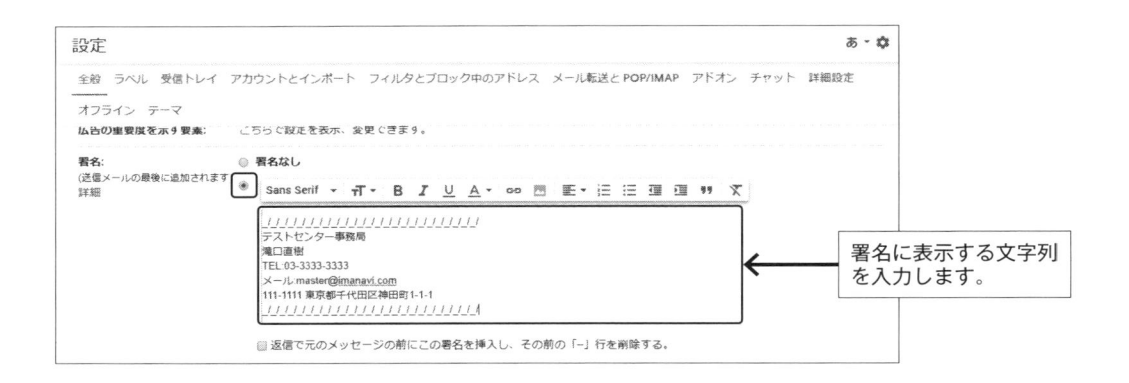

図中の注釈:
署名に表示する文字列
を入力します。

## 添付ファイル

電子メールのメッセージには、Word、Excel、PDFといった文書、画像、圧縮ファイルなど、さまざまなファイルを添付できます。

Gmailでファイルを添付するには、メッセージ作成画面の［送信］ボタンの横にある［ファイルを添付］アイコンをクリックします。［開く］ダイアログボックスが表示されるので、目的のファイルを選択して［開く］をクリックします。

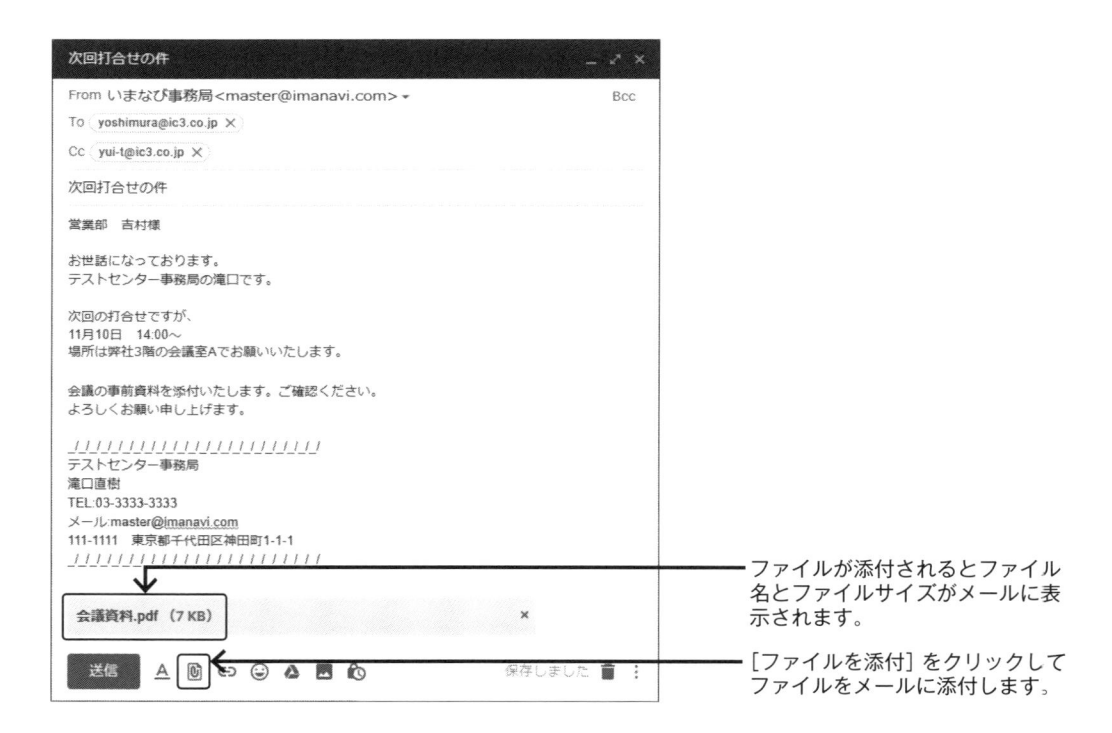

ファイルが添付されるとファイル名とファイルサイズがメールに表示されます。

［ファイルを添付］をクリックしてファイルをメールに添付します。

なお、Google Drive上に保存してあるファイルを添付する場合は、［ファイルを添付］アイコンの並びにある［ドライブを使用してファイルを挿入］を選択します。

［ドライブを使用してファイルを挿入］をクリックしてファイルをメールに添付します。

メールソフトによっては、実行ファイル（拡張子が「.exe」）などの一部のファイルは、セキュリティ上危険と見なされ、添付ファイルを開けないようになっています。

## 送信先の設定

　[To]（宛先）とともに、[Cc]（Carbon Copy）、[Bcc]（Blind Carbon Copy）に指定したメールアドレスにもメールが送信されます。Cc や Bcc は、メッセージの内容を伝えたい相手が複数人いる場合に使います。

　To、Cc、Bcc の特徴を理解して、適切に使い分けることを心がけましょう。

### To（宛先）

　「To（宛先）」には、メッセージ内容の直接の受取人となるメールアドレスを指定します。

### Cc

　「Cc」には、メッセージを参照してほしい人のメールアドレスを指定します。Cc に指定したメールアドレスは、受信者全員に表示されるため、誰にメールが送信されたのかを、ほかのユーザーも知ることができます。

### Bcc

　「Bcc」は、ほかの受信者には知られることなくメールのコピーを送る指定方法です。Bcc に指定したメールアドレスは、受け取ったメールに名前もメールアドレスも表示されないため、To や Cc のユーザーは、メールが誰に送信されたかわかりません。面識のない不特定多数の人にメールマガジンを一斉に送信する場合などに利用されます。

## 3-1-4　電子メールの受信と管理

　電子メールを受信したら、そのメールへの対応や保存、削除といった管理が必要になります。また、受信メールの中には、迷惑メールと呼ばれる不適切なものも含まれることが多く、その対処方法についても理解しましょう。

# 受信メールへの対応

自分宛てのメールに返事のメールを送信することを「返信」、メールをほかのメールアドレスに送り情報を共有することを「転送」といいます。メールアプリやWebメールには、これらを効率的に行うための機能が用意されています。

## 返信

「返信」は、受信した電子メールを利用して差出人に返信する機能です。元のメールの差出人のメールアドレスが自動的に[To]に設定されます。件名は「RE:元の件名」の形式になり、元のメッセージが本文に引用されます。

Gmailで返信するには、受信メールを開き、右上の[返信]をクリックします。

受信したメールを開いて、[返信]をクリックして差出人に返信します。

## 全員に返信

「全員に返信」は、差出人とそのメールを受信したすべてのユーザーにまとめて返信する機能で、受信したメールに対する返信内容を To や Cc に含まれるすべての人に伝えるときに使用します。差出人および宛先で送られたユーザーは[To]に、Cc で送られたユーザーは[Cc]として自動設定されます。

Gmailで全員に返信するには、受信メールを開き、右上の[その他]をクリックします。表示されたメニューから[全員に返信]をクリックします。

[その他]をクリックして、メニューから[全員に返信]を選択します。

## ▌自動返信

　「自動返信」は、あらかじめ指定した内容で、送信者へ自動でメッセージを返信する機能です。たとえば、長期出張や休暇などで不在の時に、メールの返信が遅れることを相手に伝える目的で利用します。

　Gmailで自動返信を行うには、[受信トレイ] の右上にある [設定]（歯車のマーク）をクリックし、表示されるメニューから [設定] を選択します。「全般」タブの「不在通知」欄で、[不在通知 ON] をオンにして、自動返信するメッセージを入力して保存します。

## ▌転送

　「転送」は、受信した電子メールをほかのユーザーに転送する機能です。元のメッセージをそのまま転送するため、内容を間違いなく伝えることができます。転送メールは件名が「FW: 元の件名」の形式になり、元のメッセージが本文に引用されます。転送先の宛先などはユーザーが設定します。

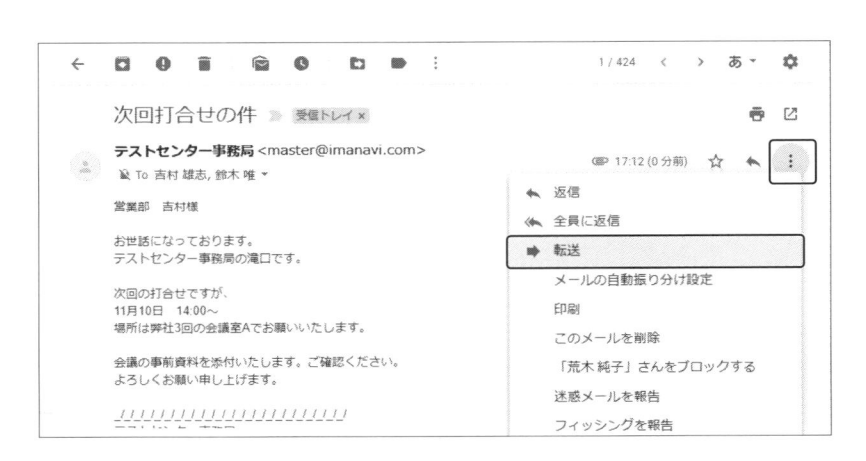

Gmailで転送するには、受信メールを開き、右上の［その他］をクリックします。表示された
メニューから［転送］をクリックします。

## 自動転送

　「自動転送」は、あらかじめ指定した別のメールアドレスへ、受信したメールを自動で転送する
機能です。たとえば、会社のメールアドレス宛に届いたメールをスマートフォンから利用できる
Gmailなどのメールアドレスや出向先のメールアドレスへ自動で転送することで、用件をすばや
く把握できます。

　ただし、仕事のメールで自動転送機能を使う場合、企業のシステム管理者の許可を得る必要が
あり、同時に転送先のメールアドレスは機密保持やセキュリティ上、問題のないものを設定しな
ければなりません。

　Gmailで自動転送を行うには、［受信トレイ］の右上にある［設定］（歯車のマーク）をクリッ
クし、表示されるメニューから［設定］を選択します。「メール転送とPOP/IMAP」タブの「転
送」欄で転送先のメールアドレスを設定します。さらに必要に応じて「POPダウンロード」の欄
で、Gmail側にも転送したメールを残すか否かを設定します。Gmailのメールサーバー側にメー
ルを残さない設定にしておくと、メールの転送後、転送元のメールサーバーでは受信メールが確
認できなくなるため注意が必要です。

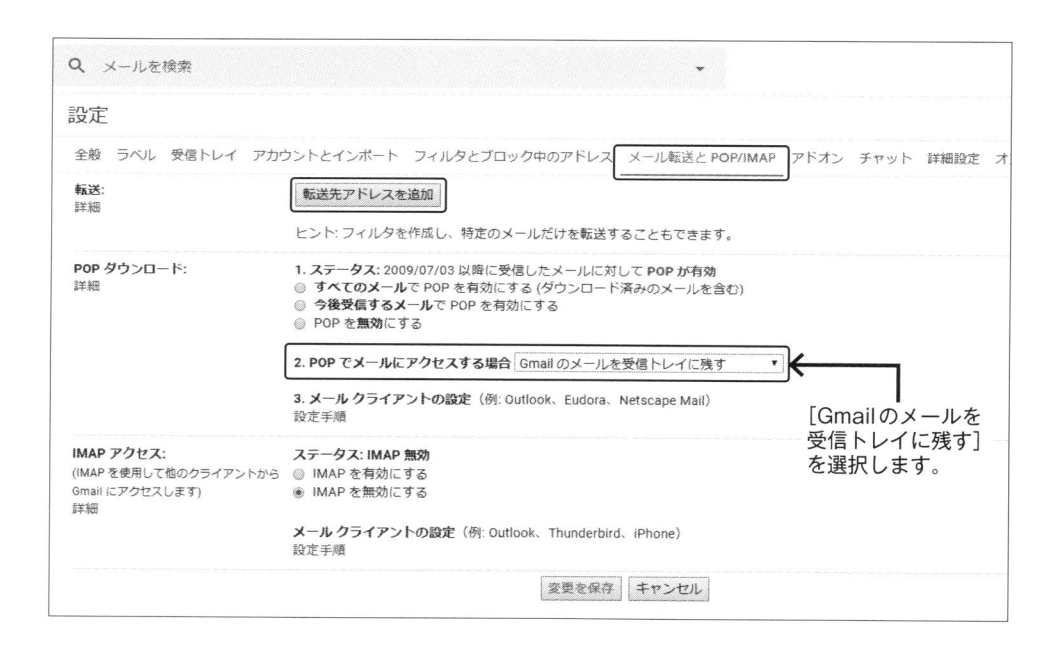

# 受信メールの管理

## 個人用フォルダー・ラベル

　受信したメールは、フォルダーやラベルを作成してメールを仕分けして保存できます。フォルダーやラベルを活用すると、取引先企業や仕事の内容ごとに分類できるので、メールを効率的に管理、整理できます。

　電子メールソフトの「Microsoft Outlook 2016」では、フォルダーを自由に作成できます。メールアドレスごとにフォルダーを作成したり、特定のプロジェクトごとにフォルダーを作成して関連するメールを仕分けたりできます。

　Gmailでは、「フォルダー」とほぼ同じ機能を持つ「ラベル」を利用します。ラベルは自由に作成し設定することができます。また、1通のメールに複数のラベルを設定できる点がフォルダーと異なります。たとえば1通のメールに対して、プロジェクト名、処理状況（未処理など）、重要度などのラベルを付けて管理することができます。

**ラベルを受信メールに設定**

　ラベルを設定したメールを検索したり、特定のラベルが設定されたメールのみを表示したりできます。ラベルはGmailの左メニューに一覧で表示されます。また、条件に応じて指定したラベルへ自動で仕分けるように、「フィルタ」の設定もできます。メールを受信すると自動的に仕分けされるので便利です。Gmailでフィルタを設定するには、「受信トレイ」の上部にある検索ボックスの右側の［▼］をクリックして、フィルタするメールの指定をします。表示された画面に、送信元のメールアドレス、件名、特定の文字列を含む／含まない、などの条件を設定して、［フィルタを作成］ボタンをクリックします。次に、その条件に一致するメールが届いたとき、ラベルを付けたり、削除したりなど、処理方法を設定・管理する画面が表示されます。

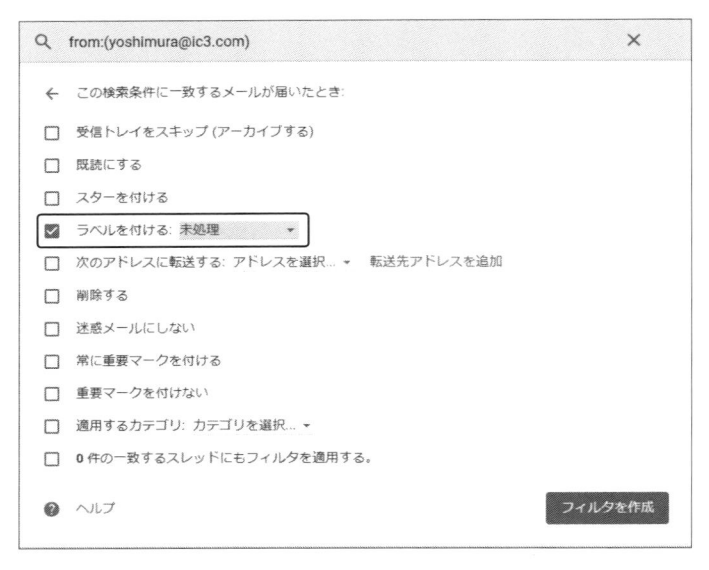

Gmailのフィルタ設定

**【実習】** Gmailに「仕事」ラベルを作成します。このラベルに未読のメッセージが表示されるようにします。

❗Gmailアカウントを持っていない、ラベルを作成できる環境にない場合は操作の手順を覚えましょう。操作方法は下記の手順に限定されるものではありません。

①Gmailにログインします。

②左メニューの［もっと見る］をクリックします。

　※［もっと見る］をクリックすると、折りたたまれていたメニューが展開されます。

③左メニューをスクロールして［新しいラベルを作成］をクリックします。

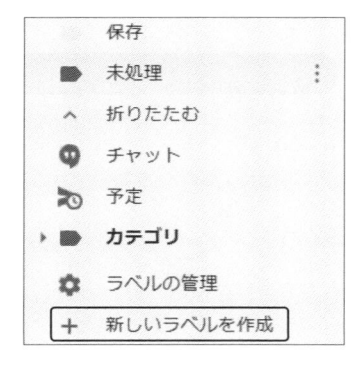

④[新しいラベルの作成] 画面が表示されたら、「仕事」と入力して [作成] をクリックします。
　※[次のラベルの下位にネスト:] にチェックを入れ、[▼] をクリックすると既存のラベルの配
　　下にネストされます。

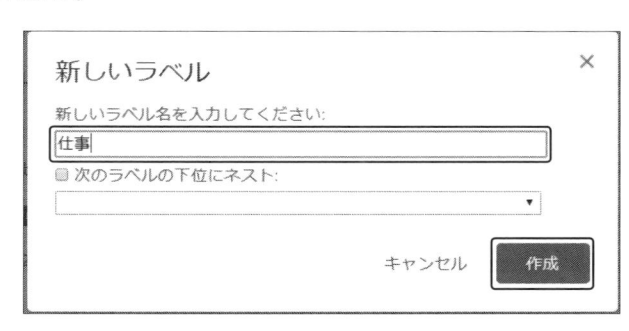

⑤左メニューに「仕事」ラベルが表示されます。

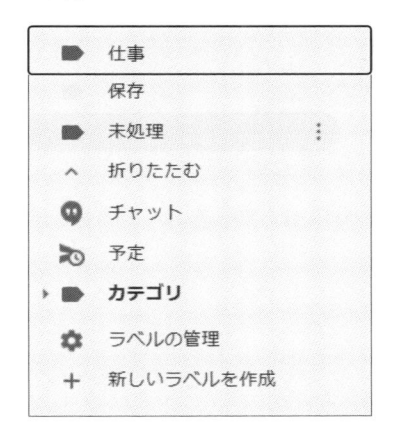

⑥左メニューにある [ラベルの管理] をクリックします。
⑦[設定] 画面の [ラベル] タブが表示されたら、「ラベル」の欄にある「仕事」ラベルの [ラベ
　ルリストに表示] の設定で [未読の場合は表示] をクリックします。
　※左メニューで「仕事」ラベルの：をクリックすると、設定を確認できます。

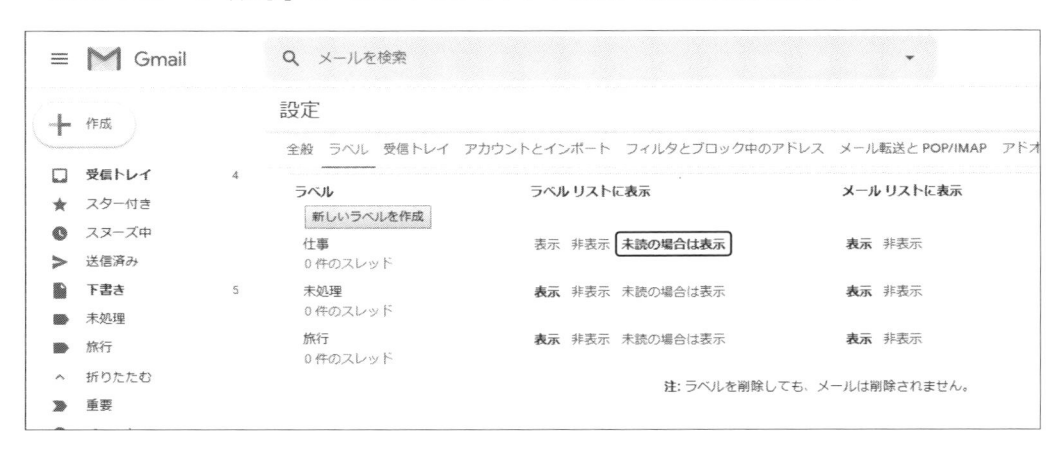

**【実習】「次回打合せの件」というメールを「仕事」フォルダー (ラベル) に移動します。**

❗Gmailアカウントを持っていない場合は、操作の手順を覚えましょう。

❗この実習では、架空のメール「次回打合せの件」を使用しています。任意のメールで実習方法を確認してください。また、操作方法は下記の手順に限定されるものではありません。

①[受信トレイ] で、「次回打合せの件」のメールをクリックして表示します。

②メール上部のツールバーの中から [移動] アイコンをクリックします。

　※[移動] アイコンはフォルダーの形状をしています。

③表示されたメニューから、「仕事」をクリックします。

　※左メニューで「仕事」ラベルをクリックすると、「次回打合せの件」のメールが移動していることを確認できます。

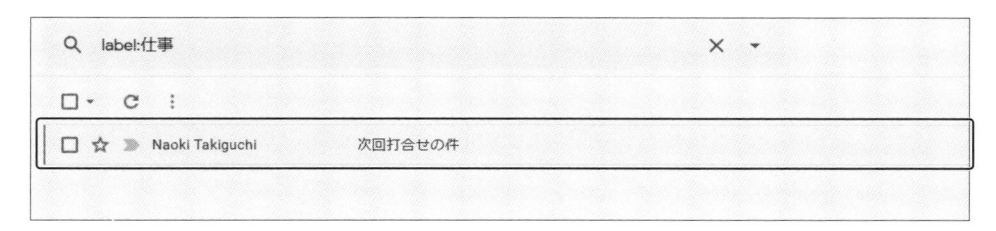

## アーカイブ

電子メールの「アーカイブ」とは、受信したメールの本文や添付ファイルなどをすべて保存することです。受信トレイとは別の領域に保存することで、誤操作による削除を防ぎ、安全にメールを管理することができます。また、企業では、メール情報の保全や監査証跡などの目的でアーカイブ用のシステムを導入する場合があります。

Gmailでは、受信したメールを選択して、ツールバーの［アーカイブ］をクリックします。受信トレイからアーカイブされたメールは消え、左メニューで［すべてのメール］を選択しない限り表示されません。なお、一度アーカイブしたメールもアーカイブを解除することで受信トレイに戻すことができます。

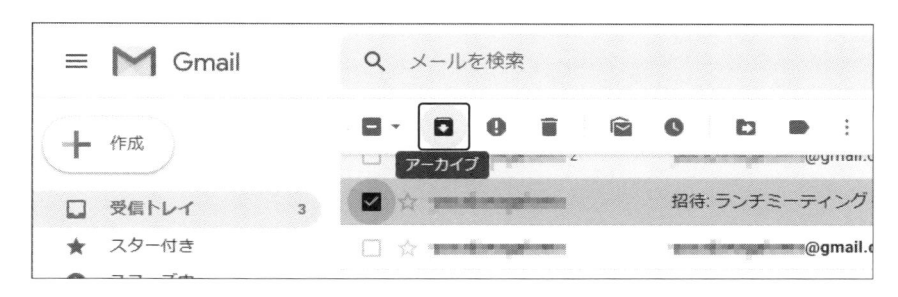

Gmailのアーカイブ

## ゴミ箱

「ゴミ箱」は、不要なメールを削除する目的で利用されます。メールの一覧またはメールを開いた画面から削除した場合に、対象のメールは一度ゴミ箱に入ります。ただし、データを完全に削除したわけではないため復元することができます。

ゴミ箱の中のメールは、一定期間が経過したら自動的に削除するか、ゴミ箱をクリックして一覧を開き、画面上部の［ゴミ箱を今すぐ空にする］を選択すれば完全に削除することができます。なお、完全に削除されたメールは復元できません。

ゴミ箱は完全な削除の前に一時的にメールを保持することで、誤操作による削除への救済策の役割を担います。

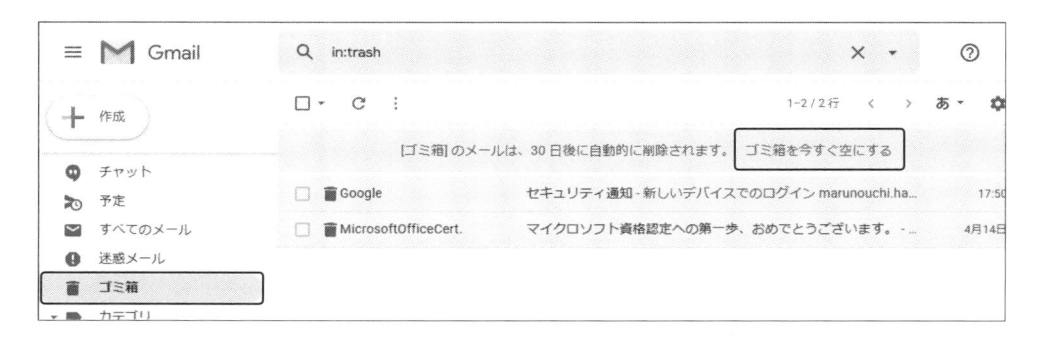

Gmailのゴミ箱

# 迷惑メール（ジャンクメール）の種類と対処

　正当なメールに混じって、架空請求などの「迷惑メール」（「ジャンクメール」ともいう）を受信することがあります。迷惑メールには、許可していない業者が宣伝目的で一方的に送りつけてくる「スパムメール」、偽サイトへ誘導する「フィッシングメール」など、さまざまな種類があります。

　知らない送信者からの不審なメールは迷惑メールの可能性が高いので、基本的には受信したら、すぐに削除します。

## スパムメール

　「スパムメール」とは、許可していない業者による宣伝・告知や架空請求など、さまざまな迷惑行為となるメールです。「迷惑メール」とも呼ばれ、相手から一方的に送られてきます。

　スパムメールは不特定多数のユーザーに向けて大量に送信されるため、ネットワークやメールサーバーに過度な負荷がかかったり、ユーザーのメールボックスがあふれたりする被害も受けます。加えて、メール本文に書かれているURLをクリックしてしまうと、詐欺のWebサイトに誘導されたり、ウイルスを仕込まれたりするなどの被害にも遭います。

## 迷惑メールへの対処

　迷惑メールを受信したら、基本的には開かずに削除します。本文に記載されているURLをクリックしてもいけません。メールソフトに送信元のメールアドレスやドメインを登録したり、ISPのメールフィルタリングを利用したりして、以降は受信しないようにします。万が一誤ってURLをクリックしても、ウイルス感染の可能性を低くするために、更新プログラムを適用するなどして、常にOSやブラウザーを最新版に更新します。

　迷惑メールが届く原因のひとつとして、メールアドレスの流出が考えられます。掲示板への書き込み、ブログでの公開、身元が定かではない業者の懸賞サイトへの応募、アンケートの回答など、情報の入力には十分な注意が必要です。主な迷惑メールの種類と対処方法は次のとおりです。

| 種類 | 特徴 | 対処方法 |
|---|---|---|
| 広告・宣伝メール（許可したものを除く） | 一方的に、大量かつ無差別に送信される勧誘、宣伝、告知。 | 返信しない。メールアドレスやコンピューターの情報を与えてしまう可能性があるため、本文中のURLをクリックしない。 |
| 架空請求メール | 身に覚えのない架空の有料コンテンツの利用料や情報料を請求する悪質な詐欺。 | 無視する。悪質な場合は、国民生活センター、消費生活センター、警察署、弁護士などに相談する。 |
| チェーンメールデマメール | 複数の人に宛ててメールの転送を指示するチェーンメール。嘘の情報を記述したデマメールは、メールの受信者を慌てさせ、世間を騒がすことを目的とした迷惑メール。 | チェーンメールは転送せずに削除する。デマメールはインターネット検索などで同様のメールが出回っていないか調べ、嘘の情報と判明したら削除する。 |

| 種類 | 特徴 | 対処方法 |
|---|---|---|
| フィッシングメール | 銀行やカード会社を装い、口座番号やクレジットカード番号などの個人情報を盗むことを目的とした、本物そっくりの偽サイト（フィッシングサイト）に誘導するメール。 | 本文内のURLをクリックしない。差出人名やメールに記載されているURLが、実際に利用している企業のものでも、偽装している可能性があるので、安易に信用しない。 |
| ウイルスメール | メールの添付ファイルやHTML形式のメールに組み込まれたコンピューターウイルス。 | 不審なメールは開封せずに削除する。ウイルス対策ソフトを使って検知、駆除する。ウイルス対策ソフトの定義ファイルを常に最新の状態にする。 |
| お金儲けメール | 収入を得られる嘘のビジネスを語り、詐欺への加担を促したり、ビジネスへの参加費などお金をだまし取ろうとするメール。 | 常識的にあり得ない儲け話を安易に信用しない。 |

## ■ Gmailでの迷惑メールの処理

Gmailで迷惑メールを受信したら、受信したメールを選択して、ツールバーの［迷惑メールを報告］をクリックすると、「迷惑メール」フォルダーに仕分けられます。以降その相手からのメールは迷惑メールとして扱われます。

また、「設定」画面の［フィルタとブロック中のアドレス］タブで、指定したメールアドレスやドメインの受信を拒否する設定ができます。

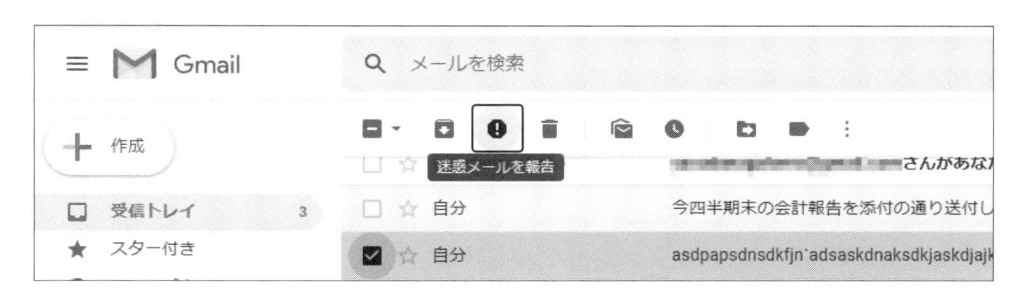

Gmailの迷惑メールの設定

## ■ 携帯通信事業者ドメインのメールへの迷惑メール

スマートフォンや携帯電話では、携帯通信事業者が発行するメールアドレスも利用できます。このメールアドレスの場合、ドメイン部分（＠マークのうしろ）が限られ、かつ利用環境がある程度想定できるため、迷惑メールの送付先として利用されやすくなります。

特にスマートフォンや携帯電話では、メールの本文に記載されたリンクから、直接電話をかける機能があり、電話番号や氏名などの個人情報を不正に取得するような詐欺行為が可能になるため注意が必要です。

なお、各携帯通信事業者が提供する迷惑メール防止サービスの利用は有効ですが、携帯通信事

業者のメールアドレス以外からのメールをすべてブロックする「ドメイン指定受信」を利用した場合は、GmailなどPCで利用している一般的なメールアドレスからのメールが受信できなくなります。必要に応じて、メールアドレスやドメイン名の許可設定を行うのがいいでしょう。

## 3-1-5 　電子メールのルール

　電子メールを利用して円滑なコミュニケーションを図るには、メールの操作方法以外にも考慮すべきルールがあります。

### 誤字、脱字、適切な表現

　電子メールでは、ビジネス用や私用など、目的に合った文体や表現を使ってコミュニケーションを図ります。

### コミュニケーション方法の違い

　ビジネス用の電子メールを作成する際には、要点を簡潔にまとめ、誤字や脱字がないように注意します。件名は、用件が一目で分かるよう明確に記します。本文は、1行全角35文字程度を目安に改行して、内容の区切りに空白行を入れるなどして読みやすくします。また、同じ部署やチーム内でインスタントメッセージやグループウェアを使う際も同様に、メッセージは要点を明確かつ簡潔にまとめ、誤字や脱字がないように作成します。

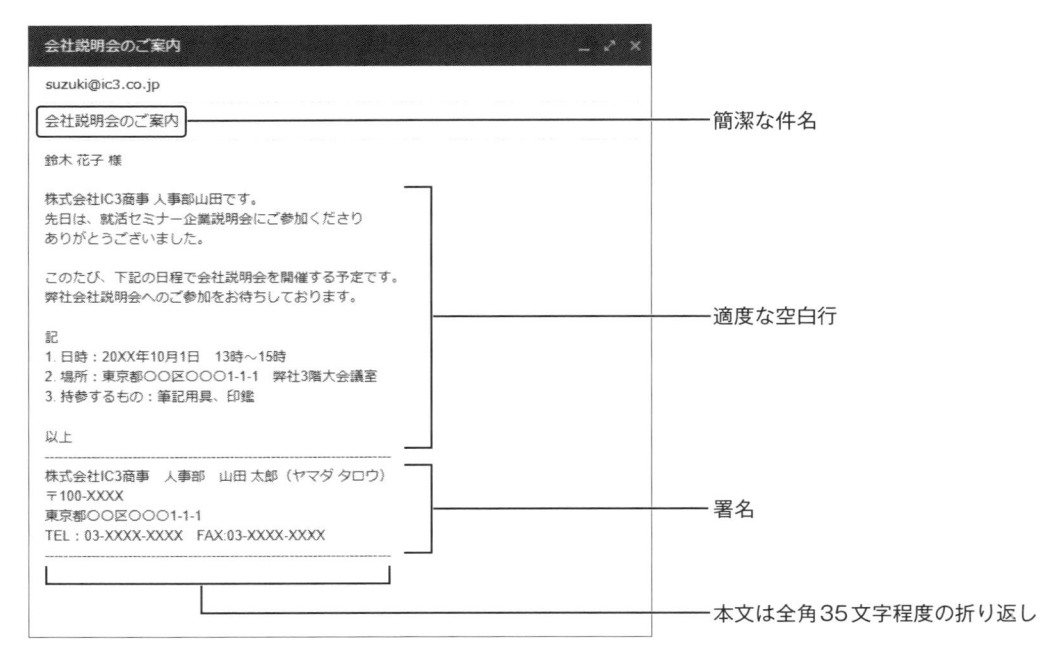

良いビジネスメールの例

一方、私用のコミュニケーションにはメール、インスタントメッセージ、SMS、SNSなど、さまざまな方法を用います。電子メールはビジネス用と同様に、要点をまとめたり、改行や空白行で読みやすくしたりして、誤字、脱字には注意します。

　なお、ビジネス用のPCや社内LANを使って、私用のコミュニケーションをとることは、セキュリティやリソース占有などの面で弊害があるので、許可されない限りは控えましょう。

### ▌言葉の使い方の重要性

　ビジネス用のコミュニケーションではビジネス文書と同様に敬語を用い、適切なスタイルでメッセージを作成します。親しい間であっても、ビジネス用のメールに顔文字を使用したり、くだけた印象の文書にしたりすることは、マナーを疑われてしまう可能性もあります。

　一方、私用のコミュニケーションでは、くだけた表現やジョークなどを盛り込んで、より親しみのある表現として顔文字を利用してもよいでしょう。ただし、どちらのコミュニケーションにおいても、不快な表現を避けるなど、モラルやマナーを守ることが大切です。

### ▌話し言葉と書き言葉

　インターネット上のコミュニケーションで用いる言葉には、大きく分けて、日常会話で使う「話し言葉」と文章で使う「書き言葉」があります。話し言葉は親しみやすさ、書き言葉は用件をより正確に伝えることに適しています。

　ビジネス用では主に書き言葉を使い、私用では主に話し言葉を用いますが、ブログなどの不特定多数に公開するソーシャルメディアでは、私用であっても書き言葉や敬語を用いる方が適している場合もあります。

## ▌標準的な表記ルール

　コミュニケーションにおける標準的な表記ルールとして、次のようなことに注意します。

### ▌使用できる文字

　電子メールメッセージには、半角カタカナ、特殊な文字や記号は使わないようにします。半角カタカナを使用すると、受信者側で文字化けなどの問題が発生する可能性があります。

　また、特殊な文字（絵文字含む）や記号はOSや電子メールソフト、携帯電話やスマートフォンの機種に依存している場合が多くあります。特殊な文字や記号を使用すると、受信者側で認識されず、別の文字が割り当てられたり、文字化けを起こしたりする可能性があります。

### ▌英文メールの注意点

　英文のメッセージを作成する際に、本文のメッセージをすべて大文字のアルファベットで作成すると、「怒鳴っている」や「怒っている」と受け取られる場合があります。欧文で、文章の最初の文字、姓名、地名、固有名詞、略語の最初に使用する文字である頭文字などを除き、すべて大文字のアルファベットで記述するのは避けたほうが良いでしょう。強調する単語は斜体や太字に

したり、その文字にアンダーラインを引いたりします。メールソフトに斜体や太字などの文字書式を変更する機能がない場合は、強調する単語の前後に「*」（アスタリスク）を入力します。

## ▌添付ファイルの扱い

添付ファイルは、メール本文とは別に用意した写真、Word文書、Excelデータなどさまざまなファイルを一緒に送ることができる機能です。しかし、あまりに大きなサイズのファイルを添付することはマナー違反となります。

大きなサイズの添付ファイルは、受信者のネットワークに負荷をかけることもあります。また、Webメールの保存容量の圧迫、従量課金制のモバイル通信においては通信料の負担などにつながります。

一般的にファイルサイズの目安として1MBまでといわれ、相手のネットワーク環境が整っている場合でも、ファイルサイズは3MBを上限に抑えるようにしましょう。それ以上のサイズのファイルを送る場合は、インターネット上の「クラウドストレージ」と呼ばれるファイル保存サービスにファイルをアップロードし、共有設定をするなどしてファイルを送付します。また、インターネット上に一時的に大きなファイルを預かり、相手にその保存先を知らせてダウンロードしてもらうファイル転送サービスの利用も検討します。

## 3-2 簡易メッセージサービスの利用

ここでは、インターネットを利用したテキストや音声、画像、動画によるコミュニケーションについて学習します。

---

### 3-2-1 SMS（ショートメッセージサービス）

SMS（ショートメッセージサービス）とは、短いメッセージを携帯電話やスマートフォンの間で送受信するサービスです。

メールアドレスを指定する必要がなく、相手の携帯番号を指定して手軽にメッセージを送信します。電子メールの代替としての利用のほかに、オンラインカレンダーのリマインダー通知の送信先としても利用できます。なお、SMSでは、メッセージの受信に費用はかかりませんが、送信には費用がかかります。

電話番号のみで利用できるため、携帯電話会社からの請求金額の確定情報などメールアドレスを知らない相手へのメッセージの送受信が可能です。

なお、スマートフォンでは、SMSアプリを利用することで、グループメッセージを送信することも可能です。アプリ上であらかじめグループを作成しておきSMSを送ることで、グループ内のメンバーにメッセージを送ることができます。

#### SMS利用時の考慮点

SMSは、メッセージを送信できる文字数は1通あたり全角70文字を前提とし、それ以上の文字数を送る場合は文字数に応じて2通以上のSMSを送信したことになります。電子メールと異なり、メッセージの文字数には上限があるので、長い文章には不向きです。

絵文字も送ることができますが、携帯通信事業者が異なる場合、規格の違いにより一部の絵文字がうまく表示されない場合があるので注意が必要です。

なお、添付ファイルには対応していない点も考慮しましょう。

#### SMSのマナー

一般に、ビジネスでメッセージ（メール）を送る際は、本文の冒頭に受信者の会社名、役職、氏名を入力し、次に挨拶（書き出し）を含めるのがマナーですが、これは結果的に文面が長くなるため、文字数制限のあるSMSには不向きです。

SMSは、家族や親しい友人に対して「今から帰ります」などの短いメッセージを送るのには向いていますが、リマインダー（スケジュール通知など）として用件のみ伝える場合などを除き、取引先や上司に対して利用する際は注意が必要です。

また、電子メールと異なり業務上のやりとり以外のプライベートなやりとりに利用される傾向がありますが、運転時の利用などは法律で禁止されており、やってはいけません。さらに、業務中に個人的なメッセージを送信するなどのマナー違反については、電子メール以上に気を付ける必要があります。

　SMSと電子メールは異なるサービスであり、SMSは原則として電子メールと同じメールアプリ上で一元管理できません。そのため将来メッセージのやり取りを振り返る際に検索性に乏しくなります。あとで見返すことがないような要件のみで利用するなど、状況に応じた使い分けが必要です。

# 3-2-2　インスタントメッセージ (IM)

　「インスタントメッセージ（IM）」は、同じネットワーク上（インターネットを含む）で、ユーザー同士がコミュニケーションを行う機能で、専用のソフトウェアを使います。

　インスタントメッセージの最大の特徴は、相手のオンライン状態やメッセージの開封（既読）状態がわかる点です。

　リアルタイムにやり取りができるため、友人や仕事仲間などとの打合せや意見交換に適しています。インスタントメッセージには、音声やビデオによるチャット、ファイル転送などが可能なソフトウェアもあります。近年では、専用のソフトウェアがなくても利用できるサービスがあります。

　代表的なIMであるMicrosoft社が提供する「Skype」では、インスタントメッセージ機能に加え、音声通話機能やビデオ送信（ビデオチャット）機能も用意されています。また、FacebookなどIM機能を持つSNSもあります。

## インスタントメッセージ利用時の考慮点

　インスタントメッセージは電子メールと異なり、1～2行の短文によるコミュニケーションになり、会話のようなやりとりが中心になります。そのため、多くの情報をまとめて伝える際には電子メールを利用し、短文でのやりとりではIMを利用するといった使い分けが必要です。

　また、インスタントメッセージには電子メールのような受信トレイはなく、相手ごとにインスタントメッセージの画面が表示されます。基本的に新しいメッセージが下に続く見た目のため、過去のメッセージの確認や検索がしにくい点も考慮しましょう。

## インスタントメッセージのマナー

　過去のメッセージに対する管理のしづらさから、長期間記録として残しておかなければいけない内容のものはインスタントメッセージでは送らないようにしましょう。

　また、気軽で会話のようにやりとりが続くため、会話を引き上げるタイミングが難しく、結論が出しにくい場合があります。相手の時間を不必要に使わせることがないよう配慮が必要です。

　一部のインスタントメッセージでは、通信相手のオンライン状況が連絡先一覧に表示されます。相手はリアルタイムのやりとりを期待してメッセージを送ってくる可能性が高いため、離席時や忙しくてIMを利用できない状況では、一時退席の状態に切り替えるなどの操作も必要に応じてしましょう。

## 3-2-3　チャット

　「チャット」とは、インターネット上（同じネットワーク上を含む）で、リアルタイムに会話をすることです。専用のソフトウェアやアプリを使用します。FacebookやGoogleにもチャット機能があります。テキストだけでなく、音声や動画をリアルタイムに送受信することができます。

　非公開のチャットはインスタントメッセージとほぼ同じ機能を有しますが、インスタントメッセージが特定の相手とだけ非公開でやりとりするのに対し、チャットは公開設定をすることで、連絡先を知らない不特定多数の人とのコミュニケーションも楽しむことができます。また、リンクの共有やファイルの共有、特定のパスワードやチケットを持つユーザーのみの参加など、応用的な利用も可能です。

## チャット利用時の考慮点

　チャットには、特定の人が参加する「グループチャット」と不特定多数が参加する「チャットルーム」があります。目的に応じた使い分けが必要です。

### グループチャット

　IMを利用して特定の複数人と会話を行うことを「グループチャット」や「グループメッセージ」と呼びます。インスタントメッセージ上でグループの代表者がチャット用のスペースを用意して、参加者を招待する方法が一般的です。招待されないと参加できないため特定の人とのチャットに適しています。

### チャットルーム

　インターネット上には、話題ごとに不特定多数のユーザーが集まる「チャットルーム」というサービスがあります。チャットルームにログイン（入室）すると、在室中のユーザー同士がテキストでリアルタイムに会話ができます。

## チャットルームのマナー

　不特定多数とやりとりをするチャットルームでは、一般的にユーザーはハンドルネームを使って参加します。「ハンドルネーム」はインターネット上で利用するニックネームのことです。

　気軽に参加できる反面、無責任な発言や誹謗中傷などが横行しやすいという問題点があります。チャットルームを利用した際はマナーを守り、個人情報の取り扱いに注意する必要があります。

# 3-3 コミュニケーションにおける メディアリテラシー

　電子メールやIMを利用するためには、アプリの操作方法だけでなく、コミュニケーションツールを選択し、適切に情報を発信・管理する能力であるメディアリテラシーが求められます。

　ここでは、コミュニケーションツールの利用に必要なメディアリテラシーについて確認します。

## 3-3-1　最適なツールの選定

　電子メール、SMS、IM、チャットのほかに、従来の郵便や電話を含めて、その時の状況にあったコミュニケーションツールの選択が重要です。

　各ツールの特徴を踏まえて、もっとも適切なツールを選択します。また、いずれのツールを利用する場合でも、マナーに細心の注意を払って利用しましょう。

　それぞれのツールの強みと弱みは次のとおりです。

| 種類 | 強み | 弱み |
|---|---|---|
| 郵便 | 手書きのため気持ちが伝わりやすい。<br>モノを送ることができる。 | 発信から到着まで時間がかかる。<br>1通あたり数十円以上のコストがかかる。 |
| 電話 | 対話によるコミュニケーションがとりやすい。<br>声により相手の心情が察しやすい。 | 相手が電話に出られる状況でないと会話が成立しない。<br>通話料金がかかる。<br>同時に複数人との連絡ができない。 |
| 電子メール | 発信から受信までに時間がかからない。<br>相手が不在時でも送信できる。<br>保存や検索性が高い。<br>1通あたりのコストがほぼかからない。<br>同時に複数人に発信できる。 | リアルタイムでの会話はできない。<br>双方にインターネット環境が必要。 |
| SMS | 電話番号が分かれば送信できる。<br>携帯電話やスマートフォンに届くので外出時や緊急時にも連絡が付きやすい。 | 長文のメッセージには向いていない。<br>添付ファイルを利用できない。 |
| IM・チャット | リアルタイムでコミュニケーションが取れ会話が成立する。<br>複数人と同時に会話ができる。 | 話の切り上げ方が難しい。<br>匿名の場合にマナーの維持が難しい。<br>専用のアプリが必要な場合が多い。 |

## 3-3-2　アドレス帳（連絡先）の管理

　コンピューターやスマートフォンを利用したコミュニケーションツールの多様化に伴い、アドレス帳の管理も重要になっています。

　コンピューターや携帯電話、スマートフォン上で連絡先を管理するのが「アドレス帳」です。アドレス帳は、連絡先の氏名、メールアドレス、所属、住所、電話番号などの情報を管理する機能です。最近では、氏名やメールアドレス以外にも、携帯電話番号、IMやチャットのユーザーIDをはじめ、FacebookなどのSNSアカウントとの連携ができるようになっています。

　複雑化する連絡先の管理に対応するため、多くのアドレス帳機能では、連絡先のグループ管理や、連絡先の検索、重複する連絡先の統合などが可能になっています。

　特に、PCとスマートフォンを利用している場合に、それぞれで別のアドレス帳を利用していると情報の管理が複雑になります。そのため、Microsoft、Google、Appleなどが提供しているアドレス帳機能では、インターネット上に連絡先を保存する「クラウドサービス」を利用できます。

　クラウドサービスは、保存した連絡先を相互に更新しあう「同期」機能により、常に同じ連絡先情報を複数のデバイス環境で利用できるようになります。連絡先の管理の効率化だけでなく、インターネット上に連絡先情報を保存することで、機器の故障などによる連絡先の紛失の心配もなくなります。

　ただし、これらを利用するためのIDとパスワードが流出すると個人情報が大量に流出する事態になりかねないので注意しましょう。

chapter

04

# 予定の管理

　カレンダーによる予定の管理は、PCやインターネットの発展により大きく進歩しています。これまで、手帳でスケジュールを管理していた人も、カレンダーアプリやクラウド型のカレンダーサービスを利用することで、これまで以上に効率よく予定を管理できるようになります。ここでは、予定の管理について学習します。

# 4-1 予定の作成・閲覧

　ITを活用した予定表の管理には、大きく分けてPCやスマートフォン上の「カレンダーアプリ」を使用する方法とクラウド型のカレンダーサービスである「クラウドカレンダー」を利用する方法があります。これらは紙ベース（手帳）の予定表と異なり、さまざまな予定をデータとして管理するため、予定データの再利用や繰り返し、手帳のスペースには書ききれない情報の管理などが可能になります。

## 4-1-1　予定の作成

　多くのカレンダーアプリやクラウドカレンダーでは、日時と予定の表題のほかに、詳細な内容、場所、カレンダーの種類、予定の重要度やカテゴリー、リマインダー（通知）などを設定できます。
　代表的なクラウドカレンダーであるGoogleカレンダーでは、上記のほかにビデオ会議の設定やその予定の参加者（ゲスト）の登録、予定の公開設定なども行うことができます。

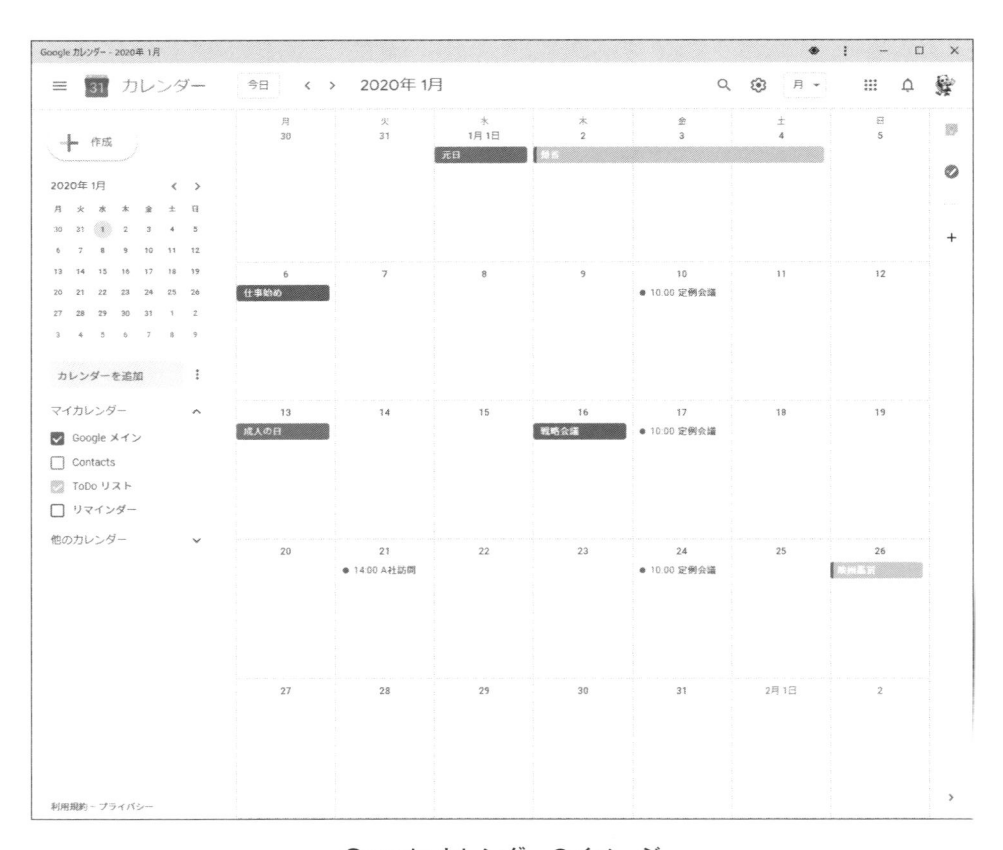

Googleカレンダーのイメージ

また、場所を登録すると同社の地図サービスであるGoogleマップと連携し、予定の場所の地図を表示したり、ナビゲーションを利用したりできます。

　このように、1つの予定に対して多くの情報を登録・設定できる点がカレンダーアプリやクラウドカレンダーを利用するメリットです。

Googleカレンダーの予定の詳細画面

**【実習】Googleカレンダーに新しい予定を作成します。予定のタイトルは「ビデオ会議」、日時は明後日の午後1時から午後1時30分に設定します。**

！Googleカレンダーを利用するには、Googleアカウントが必要です。アカウントがない場合は、操作の手順を覚えましょう。

！カレンダーサービスの更新に伴い、実習の手順に示した操作方法や画面が変わる場合があります。

①ブラウザーを起動して、Googleのトップページを表示します。

　※この実習に使用しているブラウザーは「Google Chrome」です。

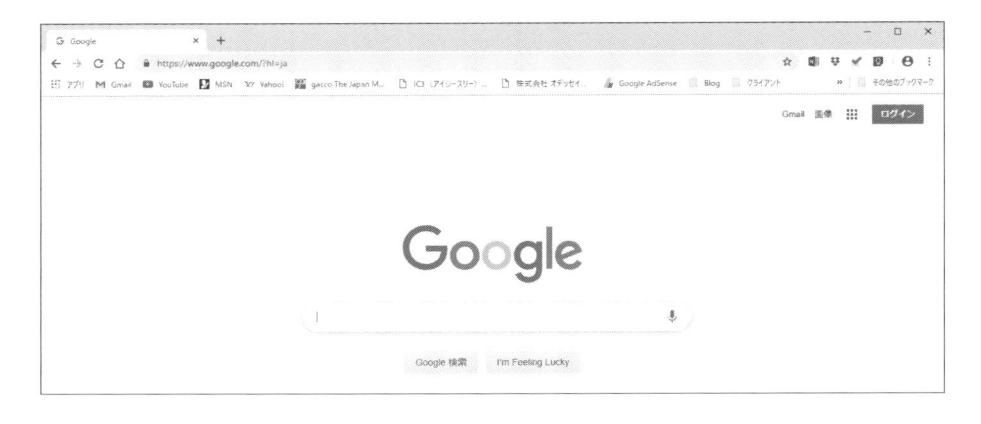

②ウィンドウの右上にある「Googleアプリ」をクリックして、アイコンの一覧から「カレンダー」をクリックします。

③「Googleログイン」の画面が表示されたら、Googleアカウントを入力して、[次へ] をクリックします。

④続けて、パスワードを入力して、［次へ］をクリックします。

⑤カレンダーの画面が表示されたら、予定を追加する時間のマス目をクリックします。

　※新しいGoogleカレンダーにようこそ画面が表示された場合は[OK]で閉じてください。

⑥小さなウィンドウが表示されたら、タイトルに『ビデオ会議』を入力します。

⑦［時間を追加］をクリックします。

⑧開始時間をクリックして「午後1:00」を選択、続けて終了時間をクリックして「午後1:30（30分）」を選択します。

⑨［保存］をクリックすると、カレンダーに新しい予定が追加されます。

※カレンダーに追加した新しい予定をダブルクリックすると、「予定の詳細」画面が表示されます。

## 定期的な予定

　カレンダーアプリやクラウドカレンダーのいずれも、定期的な予定を簡単に登録することができます。

　毎週月曜日に定例の会議がある場合や毎日連続して入る予定などは、予定の詳細画面から繰り返しの設定ができます。

　たとえば、Google カレンダーでは予定の詳細画面を表示し、［繰り返さない▼］をクリックすると、毎日、毎月、毎週などの設定のほかに、［カスタム］をクリックすると繰り返す間隔や曜日、回数やいつまで繰り返すかの期限を設定することもできます。

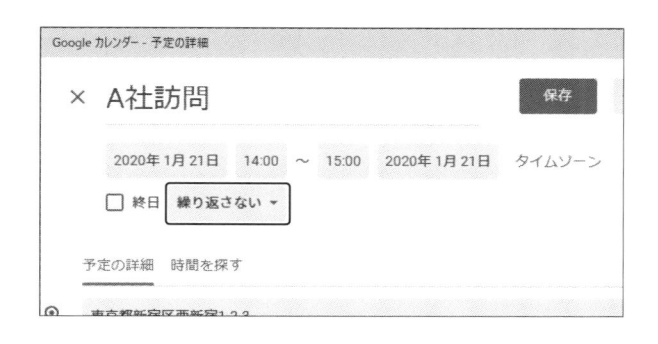
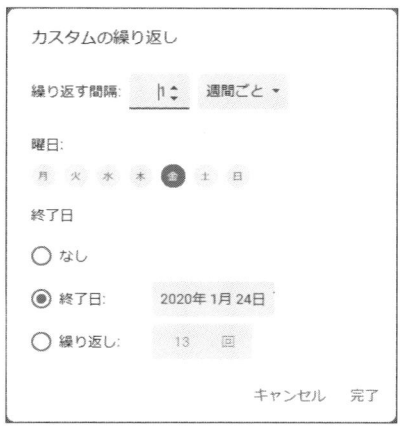

Googleカレンダーの繰り返し設定

## 4-1-2　予定の閲覧

　カレンダーアプリやクラウドカレンダーのメリットのひとつに、カレンダーの表示方法の切り替えができる点があります。一般的な手帳の場合、見開きで1ヶ月や1週間、1ページ1日など、手帳を購入する時点でレイアウトが決まりますが、カレンダーアプリやクラウドカレンダーでは、これらの表示を目的に応じて切り替えることができます。

　Googleカレンダーでは、年、月、週、日単位の表示のほかに、予定の一覧表示や、当日から5日間の表示などを設定できます。また、週末の表示・非表示の切り替えも可能です。

　Googleカレンダーの表示を一時的に切り替えるには、画面右上の「月」や「週」などが表示されている［▼］をクリックします。

Googleカレンダーの表示切り替え

常に、カレンダーの表示をカスタマイズする場合は、［設定メニュー］（歯車のマーク）をクリックして、メニューから［設定］を選択します。詳細な設定をする画面が表示されたら、［全般］の［ビューの設定］で変更します。

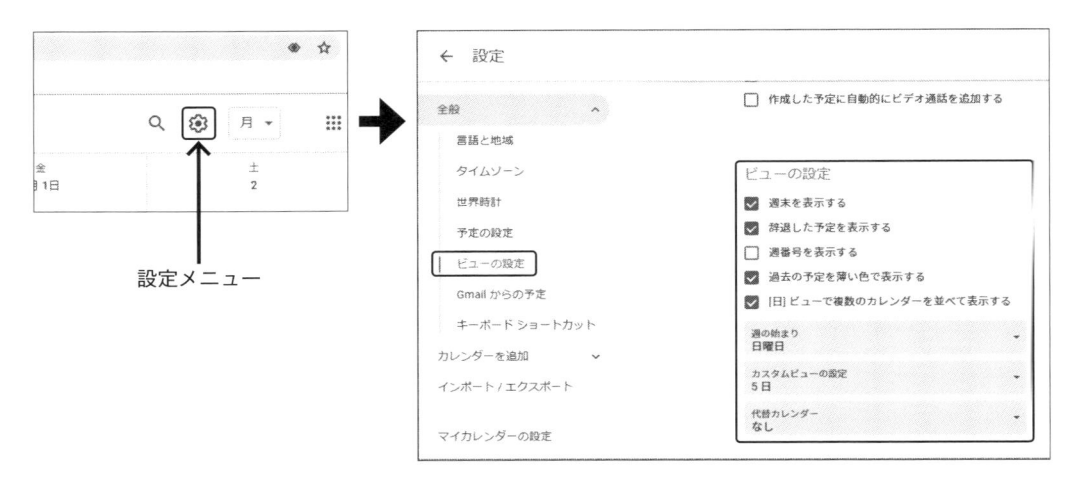

Google カレンダーの「ビューの設定」

なお、週や日単位の表示では、バーチカルと呼ばれる1日の予定を縦軸に時間を区切って予定を並べる形式で表示します。月表示では、カレンダー形式で1か月分の情報が表示されます。

Google カレンダーを月単位で表示

## 4-1-3　複数の予定表（カレンダー）の利用

カレンダーアプリやクラウドカレンダーでは、仕事用とプライベート用など、複数の予定表を管理することができます。

なお、予定はそれぞれ単独のカレンダーで表示するだけでなく、1つのカレンダー上に重ねて表示したり、並べて表示したりできます。重ねて表示する際は、予定ごとに色分けがされ、どのカレンダーの予定なのかが分かるようになります。

Googleカレンダーでは、1つの画面で複数のカレンダーを重ねて表示できます。それぞれの予定はカレンダーに設定した色が表示されているので、仕事用の予定かプライベート用の予定かを見分けることができます。

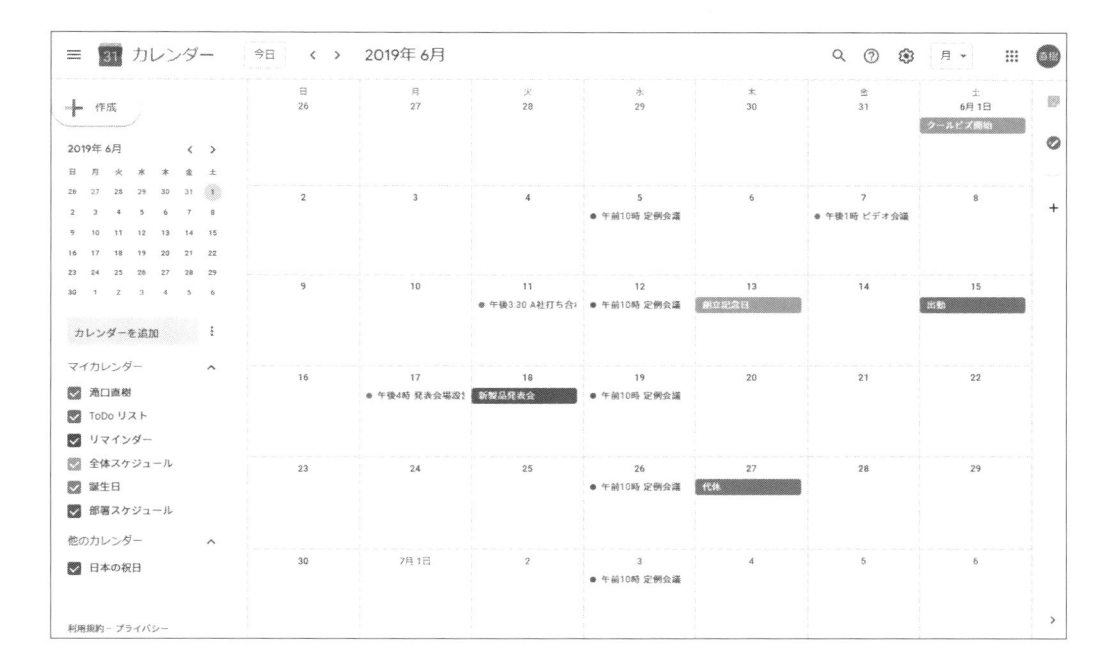

また、代表的な電子メールソフト「Microsoft Office Outlook」にも予定表を管理する機能があります。Outlook 2016の予定表では、複数のカレンダーを重ねて表示したり、並べて表示したりできます。Outlookでカレンダーを並べて表示するには、フォルダーウィンドウに表示されているほかの予定表のチェックボックスをクリックします。重ねて表示するには、カレンダー上のタブに表示された矢印をクリックします。

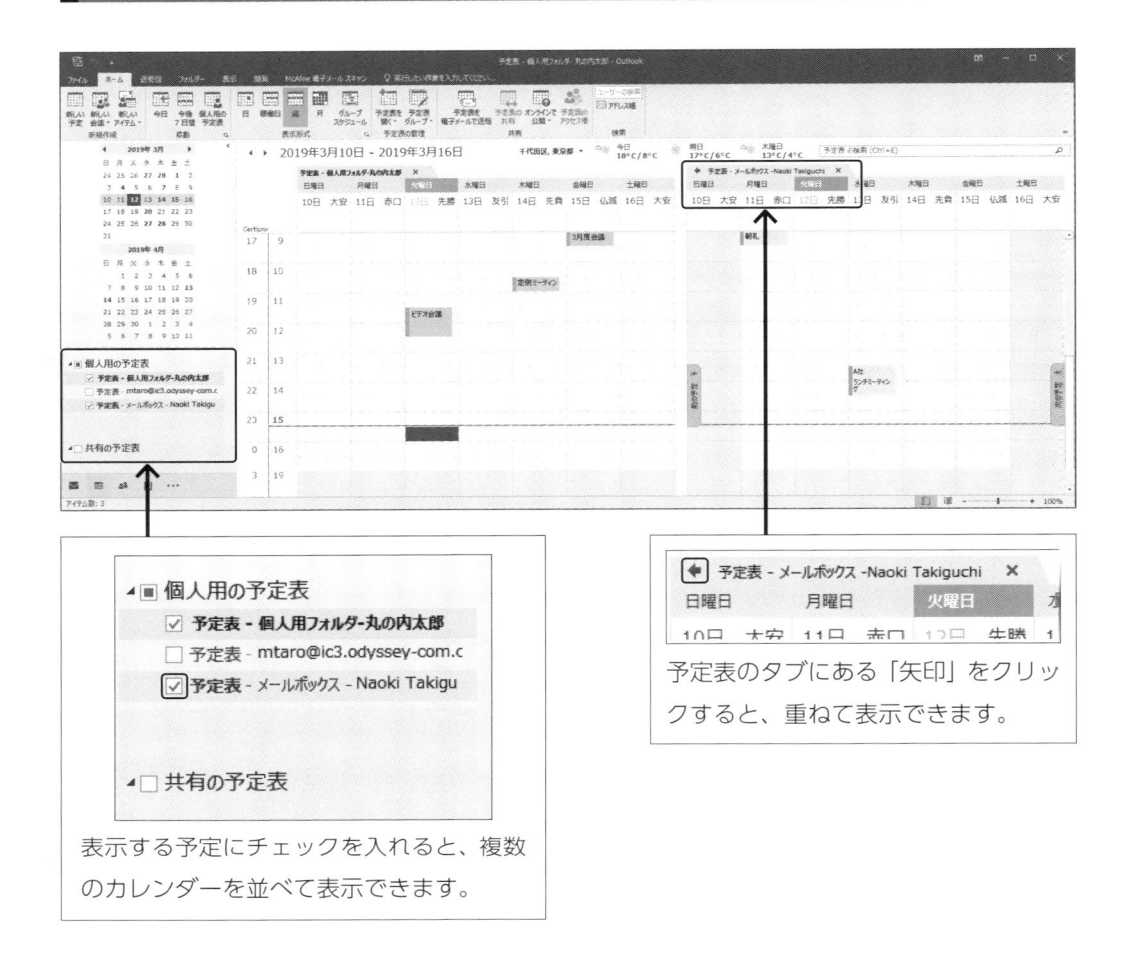

▲■ 個人用の予定表
　☑ 予定表 - 個人用フォルダー丸の内太郎
　☐ 予定表 - mtaro@ic3.odyssey-com.c
　☑ 予定表 - メールボックス - Naoki Takigu

▲☐ 共有の予定表

表示する予定にチェックを入れると、複数のカレンダーを並べて表示できます。

予定表 - メールボックス -Naoki Takiguchi　✕
日曜日　　　月曜日　　　火曜日　　　水
10日　大安　11日　赤口　12日　先勝　1

予定表のタブにある「矢印」をクリックすると、重ねて表示できます。

Outlook 2016の予定表

# 4-2 カレンダーの共有・公開

　クラウドカレンダーでは、カレンダーを公開したり、ほかのユーザーと予定を共有したりできます。共有・公開をされたカレンダーは、自身のカレンダーと重ねて閲覧できるようになり、自分のスケジュール管理に役立てられます。

## 4-2-1　カレンダーの共有

　クラウドカレンダーでは、自分のカレンダーを特定のユーザーに公開したり、共有したりできます。カレンダーの公開には、次のような種類があります。

- すべてのユーザーに公開する制限なしの公開
- 招待したユーザーのみが閲覧・予定の編集ができる制限付きの公開
- 予定の有無は表示されるものの、その予定の中身までは表示させない限定的な公開

　また、ほかのユーザーのカレンダーであっても、許可があれば予定の追加や編集を可能にすることもでき、グループでひとつのカレンダーを共有してスケジュール管理を行うといった利用方法も可能です。

　また、閲覧が許可されたユーザーに対して、リマインダーとして予定の通知をメールで送ることもでき、送信のタイミングも数分前から数日前まで設定できます。

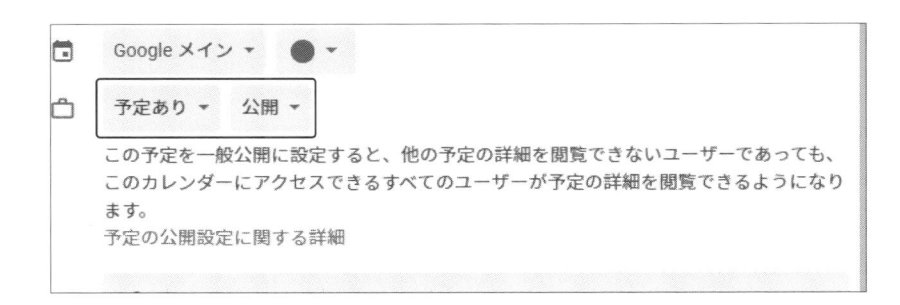

【実習】Googleカレンダーで、予定の時間枠のみを別のユーザーに公開します。

！Googleカレンダーを利用するには、Googleアカウントが必要です。アカウントがない場合は、操作の手順を覚えましょう。

①[マイカレンダー]の中の共有するカレンダーの右側の［⋮］をクリックし、［設定と共有］を
　クリックします。

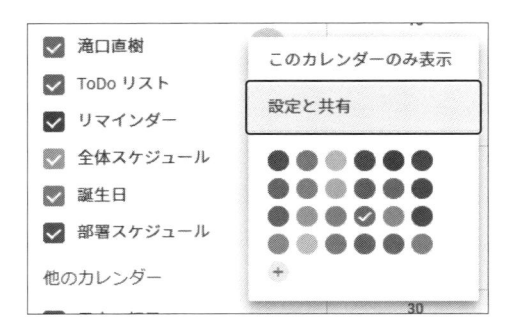

②設定画面の［特定のユーザーとの共有］で［＋ユーザーを追加］をクリックします。

③メールアドレスまたは名前を追加し、［閲覧権限］で［予定の時間枠のみを表示（詳細を非表
　示)］を選択し、［送信］をクリックします。

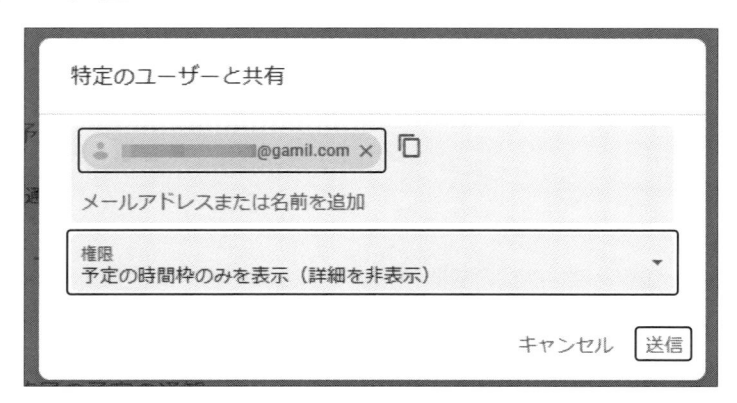

**【実習】Google カレンダーの予定から別のユーザーを招待します。**

❗ Google カレンダーを利用するには、Google アカウントが必要です。アカウントがない場合は、操作の手順を覚えましょう。

①特定の予定を開きます。

②予定の詳細画面で［ゲストを追加］の欄にメールアドレスを入力し、［保存］ボタンをクリックします。

③「Google カレンダーのゲストに招待メールを送信しますか？」のメッセージが表示されたら［送信］をクリックします。

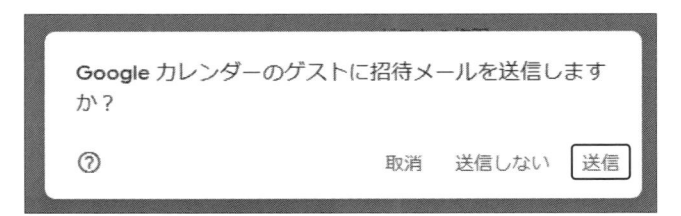

　なお、招待を受けたユーザーには、招待メールが届きます。ユーザーが招待に対して、［はい］を選択すると、招待元のユーザーの予定にゲストとして登録されます。また、自動的にそのユーザーのカレンダーに予定が追加されます。

　なお、返答が［未定］や［いいえ］と返答した場合は、その旨が招待元に返信されますが、後ほど改めて招待メールを開き、出欠を選択しなおすことも可能です。

ゲストに送信された招待メール

## カレンダーの共有リクエスト

　特定のユーザーに自分のカレンダーを公開・共有する以外に、特定のユーザーのカレンダーへのアクセス権をリクエストできます。

　現在はGoogleカレンダーのユーザーインターフェースが変わり、「設定」画面から特定のユーザーに対してカレンダー共有のリクエストを送信します。以前のユーザーインターフェースでは、左側のメニューに［友達のカレンダーを追加］ボックスがありました。そこにユーザーのメールアドレスを入力すると、カレンダー共有のリクエストが送信できました。

※クラウドカレンダーを含めWebアプリケーションでは、サービスの更新に伴いユーザーインターフェースや使用方法が変わることがあります。

「設定」画面＞「カレンダーの登録」で、特定のユーザのメールアドレス」を入力してリクエストを送信する。

以前は、カレンダーのすぐ下のボックスに、ユーザーのメールアドレスを入力して共有リクエストが送信できた。

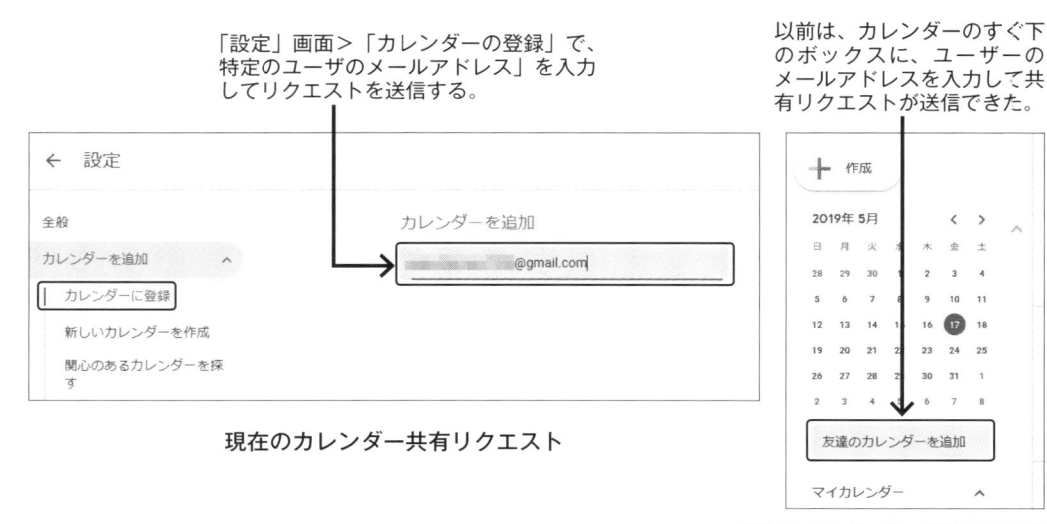

現在のカレンダー共有リクエスト

以前のカレンダー共有リクエスト

リクエストを送信したユーザーのカレンダーにアクセス権限がない場合、次のようなメッセージが表示されるので、メッセージを入力し［アクセス権をリクエスト］をクリックします。

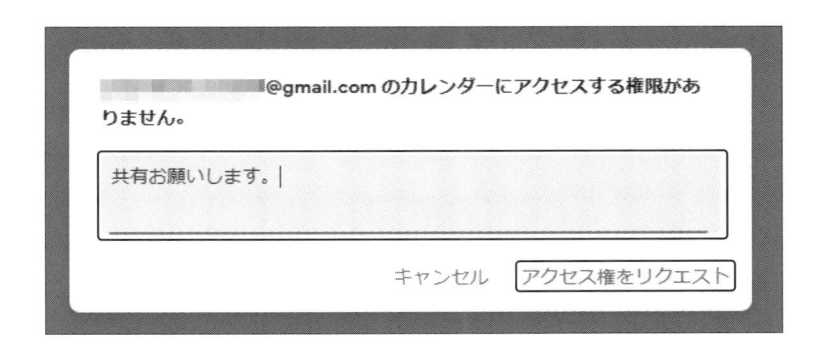

なお、リクエストを送られたユーザーには、許可を求めるメールが送信されます。

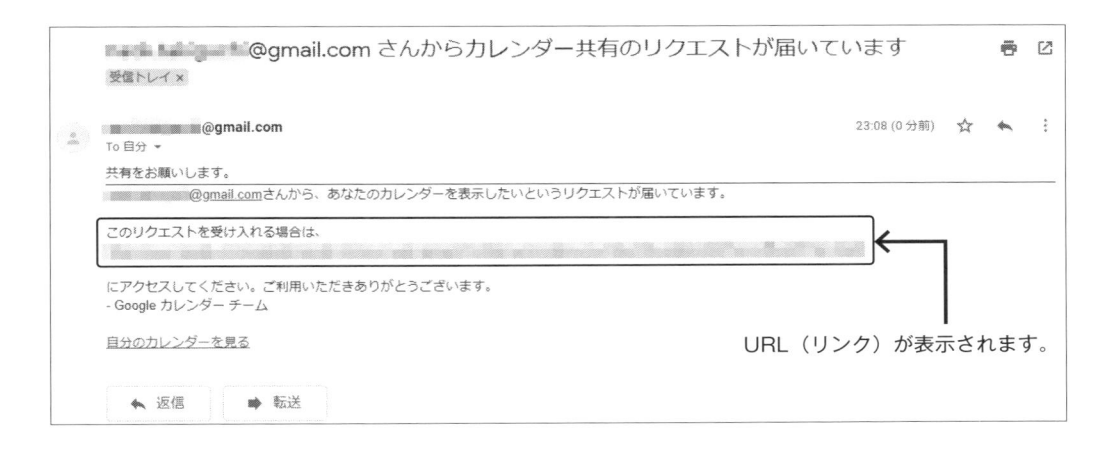

URL（リンク）が表示されます。

　リクエストを受け入れる場合は、メール本文内のリンクをクリックします。クリックすると自動的にカレンダーの共有設定画面が表示されるので、権限を選択し[送信]をクリックします。

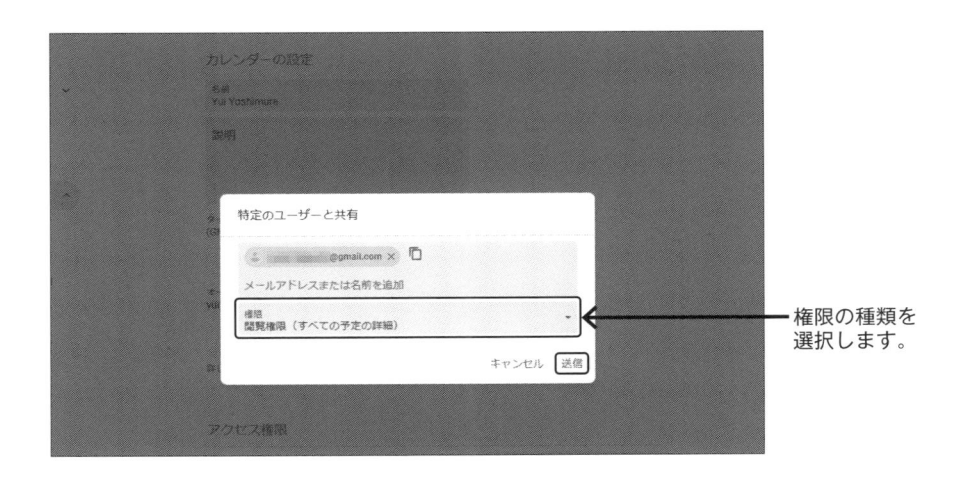

権限の種類を
選択します。

送信を完了すると、自分のカレンダーに、共有されたカレンダーが表示されます。

## 4-2-2　オンラインカレンダーの購読（サブスクリプション）

公開されたカレンダーを利用することを「購読」と呼びます。公開カレンダーは、地方自治体やスポーツや映画などに関する情報サイトなどで公開されており、自分の利用しているカレンダーアプリやクラウドカレンダーに対応した形式であれば購読することができます。

公開されているカレンダーの検索は、通常のインターネット検索のほか、利用しているクラウドカレンダーの設定からも行えます。

Googleカレンダーでは、[他のカレンダー] の右にある [＋] ボタン（他のカレンダーを追加）をクリックし、メニューから [関心のあるカレンダーを探す] を選択します。公開カレンダーの一覧を表示して購読したいものを選択することができます。

利用期間に応じて、商品やサービスの料金を支払う販売形態を「サブスクリプション」といいます。契約期間中は、常に最新のソフトウェアやWebサービスなどを利用できるのが特徴で、近年ではこの形態の契約が増えています。

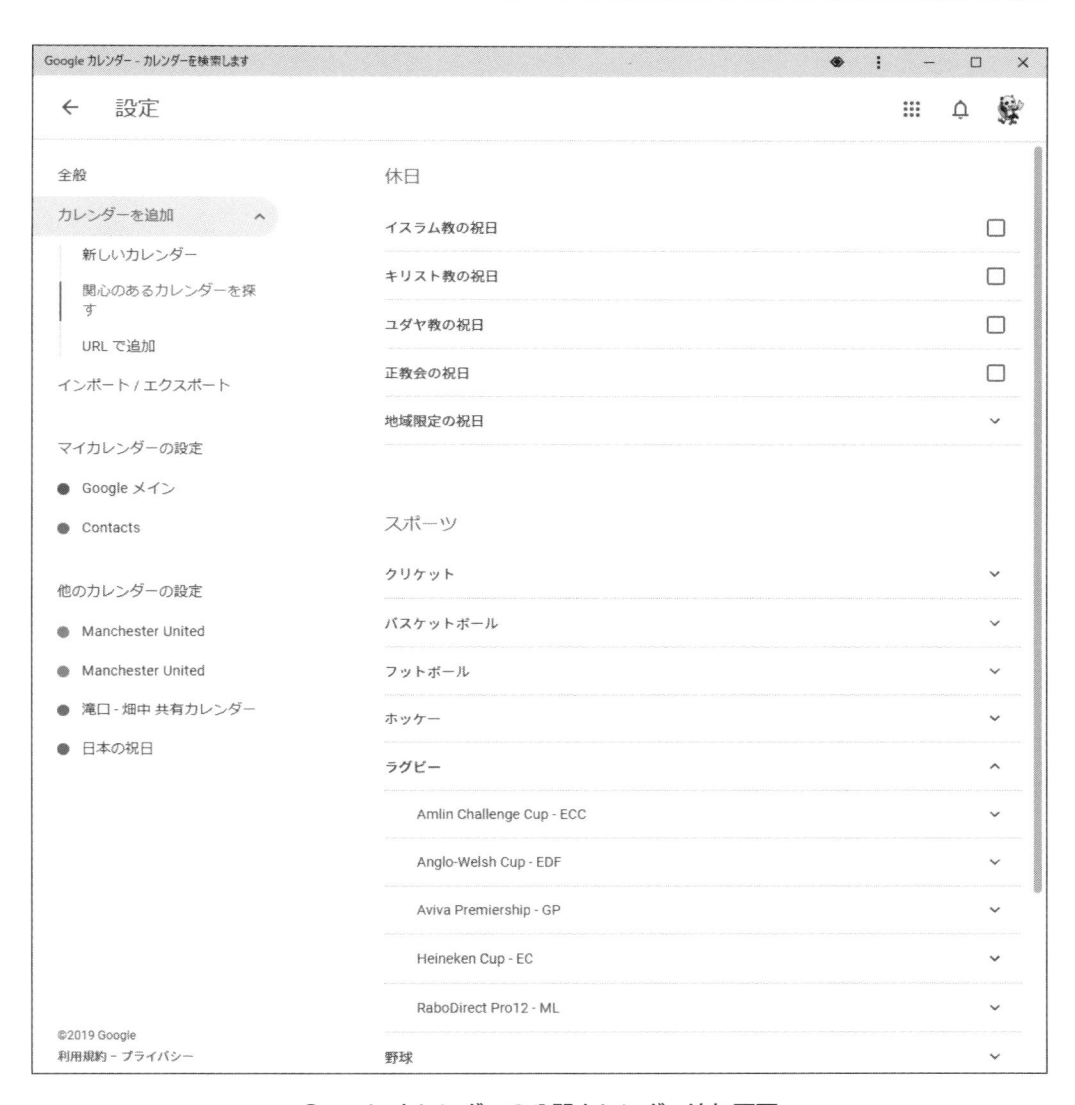

Googleカレンダーの公開カレンダー追加画面

chapter

# 05

# 共同作業の実現

PCやインターネットの普及に伴い、遠隔地にいるユーザー同士でコミュニケーションを取りながら共同で作業する環境が整ってきています。ここでは、インターネットを活用した共同作業について学習します。

# 5-1 オンライン（Web）会議の利用

インターネット環境の安定と高速化に伴い、高品質な音声や動画を利用したオンライン（Web）会議の利用が可能になっています。

## 5-1-1　Web会議

インターネット回線を通じて、遠隔地の人と音声や映像のやり取りを行うシステムを「Web会議システム」といいます。一般にはWebブラウザーを使用して行われますが、使用するWeb会議システムによっては、専用のアプリをインストールすることもあります。

Web会議システムには、音声や映像のやり取りのほかに、画面の共有、チャット、ファイルやデータの送受信、録画、ヘルプデスクなど、多くの機能が備わっています。会議資料を印刷しなくても、画面の共有、ファイルやデータの送受信の機能を利用すれば、情報の共有を容易に行えます。

チャット機能を使用すると、Web会議のさなかに会議に参加しているユーザーからテキストで送られてきた質問に回答したり、テキストでやり取りした質問や回答を、会議を視聴・参加しているほかのユーザーと共有したりできます。

また、専用の機材は不要なので、インターネット回線への接続ができれば、一般のPC、スマートフォン、タブレットなどからもWeb会議を行うことができます。ただし、インターネット回線を利用していることから、通信環境や状況により、音声の品質や映像の画質がやや粗くなるというデメリットもあります。なお、カメラを利用して顔を表示しながら会議を行う場合、多くのノートPCにはWebカメラが搭載されていますが、デスクトップPCの場合は別途用意する必要があります。

Web会議システムには、無料のサービスもありますが、接続人数が制限されている場合があります。数千人規模のオンラインセミナーを開催したり、サービスを提供する会社から専門的なサポートを受けたりする必要があれば、有料のサービスを検討します。有料のWeb会議サービスには、定額制や従量制などのプランが用意されており、料金や用途を考えて導入するとよいでしょう。また近年では、クラウドサービスの充実に伴い、クラウド型のWeb会議サービスも提供されています。

### Skype（スカイプ）

「Skype」は、Microsoft社が提供する代表的な音声通話サービスで、インターネット回線を使用して通話を実現します。PCやスマートフォンにSkypeのアプリケーションをインストールして、マイクとスピーカー（またはマイク付きヘッドフォン）を接続し利用します。1対1のみな

らず、同時に複数のユーザーと通話したり、世界中のユーザーと通話したりできます。

　Skypeは、インターネットを使って通話するため、インターネット接続料以外のコストは不要です。そのため、常時接続の回線なら、遠隔地の相手でも通話料を気にすることなく、長時間会話を楽しめるのがメリットです。Skypeを使って、固定電話や携帯電話にも電話をかけることができますが、決められた通話料が発生します。

　パソコンのWebカメラやスマートフォンの内蔵カメラを利用すれば、ビデオ通話も可能です。また、チャットやファイルの送受信、画面共有などの機能も用意されており、通話をしながらファイルを送信したり、画面を共有したりできます。

　Skypeで通話をしながら画面を共有するには、通話画面の右下にある［…］をクリックして、表示されたメニューから［画面共有］を選択します。

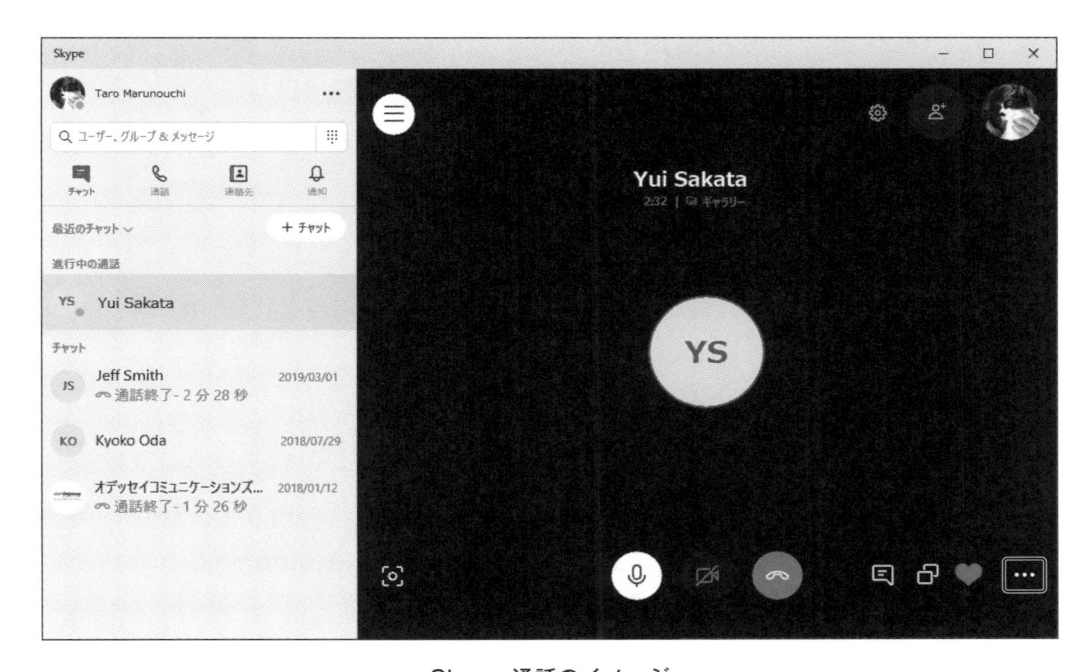

Skype通話のイメージ

## Skypeチャットの使い方

　Skypeでは、音声通話に加え、チャット機能も用意されています。通信相手がオンラインだと、連絡先の一覧に緑のアイコンが表示されます。

　自分のSkypeアカウントに、新しい連絡先を追加したり、探したりする場合は、検索ボックスに追加する連絡先の名前やSkypeアカウントを入力します。

【実習】Skypeチャットでオンラインの通信相手にメッセージを送信します。

❗学習環境にSkypeを用意できない場合は、操作の手順を覚えましょう。

①［スタート］メニューなどからSkype を起動し、「Microsoftアカウント」のメールアドレス
　（または「Skypeアカウント」）とパスワードでログインします。

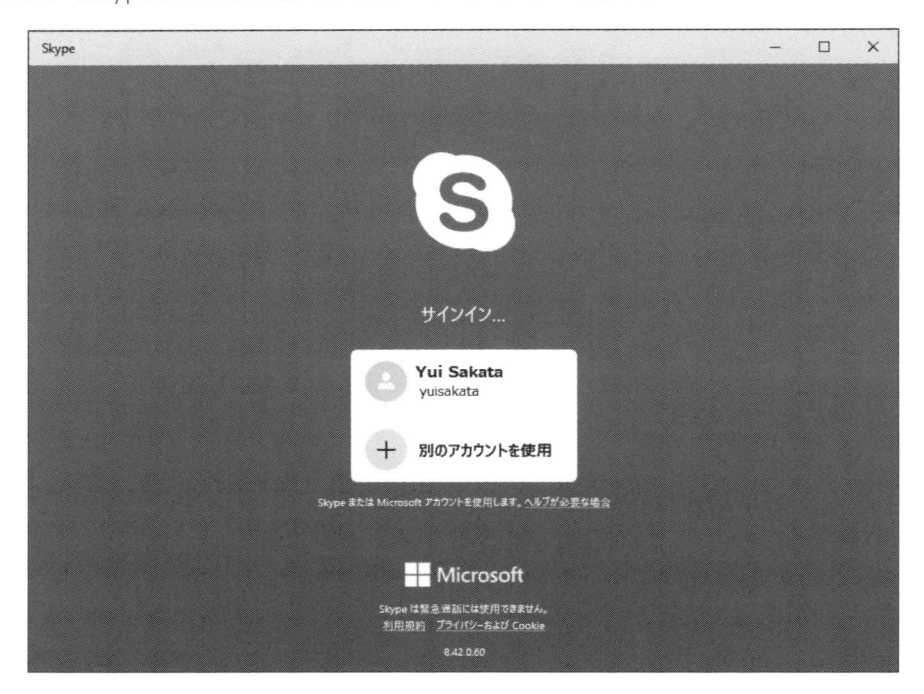

②連絡先の一覧から、通信相手を選択します。

③通話やチャットの画面に切り替わるので、チャットのボックスにメッセージを入力します。

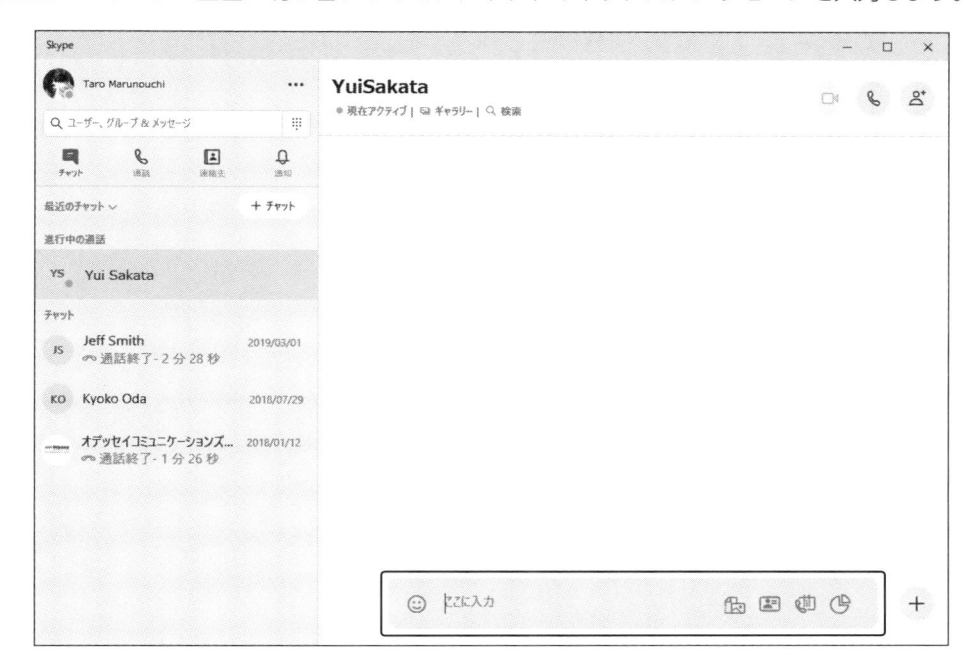

④[メッセージを送信]をクリックして、メッセージを送信します。

　※チャットのボックスに文字を入力すると、ボックスの右側に紙飛行機の形をした［メッセージを送信］ボタンが表示されます。

⑤相手から返信があると、このようにメッセージのやり取りが表示されます。

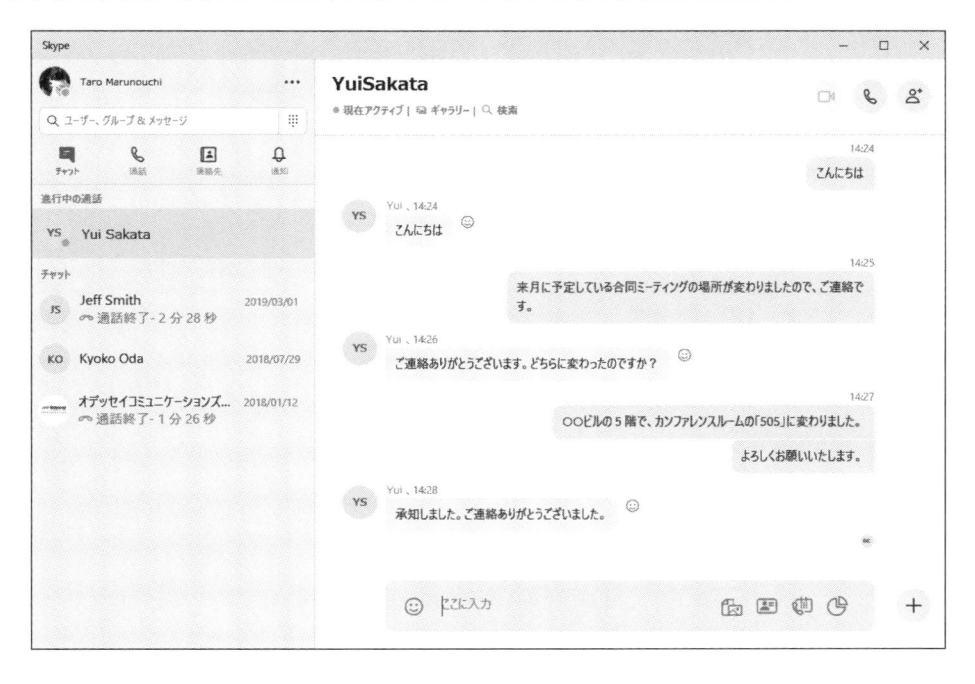

 同時に複数のメンバーとチャットするには、画面右上の［グループに追加］（人型に＋マークの付いたアイコン）をクリックして、メンバーを追加します。

## 5-1-2　テレプレゼンス会議

「テレプレゼンス会議」は、インターネットや企業向けネットワークを介して会議を行うシステムで、「テレビ会議」や「ビデオ会議」とも呼ばれます。

テレプレゼンス会議を利用すると、わざわざ時間とコストをかけて移動しなくとも、動画と音声によって、実際に対面しているような臨場感のある会議ができるので、音声やメールのみのコミュニケーションに比べてお互いの意思疎通がしやすくなります。

Web会議とは異なり、テレプレゼンス会議を行うには、大きなモニターやカメラ、音響設備などが必要です。システムの導入にはコストがかかるため、会議室ごと貸し出しするサービスもあります。

## 5-1-3　VoIP会議

「VoIP（Voice over Internet Protocol）」とは、TCP/IPネットワークを利用して、音声通話を行うための技術です。データ化した音声をインターネットなどのネットワークで送受信します。

複数の拠点を持つ企業が遠隔地の支店と会議を行う、あるいは海外の取引先とミーティングする場合に、このVoIPの技術を利用した「VoIP会議」が有効です。VoIP会議は、サービス利用料が必要になるケースがありますが、追加の通話料がかからないこともあり、比較的低コストで利用できます。

## IP電話

　インターネット回線を利用して通話するサービス「IP電話」にも、VoIPが用いられています。電話機は固定電話と同じものを使い、電話番号は固定電話と同じ番号、または「050」から始まる番号のいずれかを使えます。

　IP電話のメリットは、通常の固定電話に比べて、遠隔地への通話や国際電話の通話料金が安価なことです。同じ通信事業者を利用しているユーザー同士なら、通話料が無料になります。

　一方、110番などの緊急通報や117番などの3桁番号のサービスが、条件によって利用できないというデメリットもあります。

　IP電話は企業の内線電話にも導入されていますが、回線はインターネットではなく、専用線など企業向けネットワークを利用する企業もあります。

　なお、Skypeは、050番号を取得できるサービス（Skype番号）を有しています。Skype同士の通話は無料ですが、IP電話として固定電話やスマートフォンと通話をする場合は通話料がかかります。

## 5-1-4　電話会議

　遠隔地とのコミュニケーション手段として「電話会議」があります。電話会議は、VoIP回線ではなく、固定電話や携帯電話の電話回線を使用します。Web会議システムやテレプレゼンス会議とは異なり、画面や映像の共有やチャットなどの機能はなく、音声のみをやり取りします。

　Web会議やVoIP会議は、インターネットなどのネットワークの接続状況に影響を受ける場合がありますが、電話会議は電話回線を使用しているため音声の品質が高く、海外とのコミュニケーションに適しているといえます。また、電話は、一般的に2拠点で通話しますが、電話会議のシステムを提供するサービスでは、3拠点以上で通話が可能なものもあります。

　電話会議用の装置にはさまざまな種類があります。マイクとスピーカーの付いた装置やヘッドセット付きの装置などがあります。収音範囲によって装置のタイプを選ぶとよいでしょう。これらの装置を接続するには、いくつかの方法があります。固定電話の受話器を外してそこに装置を接続したり、アナログ回線のモジュラージャックに直接接続したり、あるいはスマートフォンなどの携帯端末に接続したりして利用します。

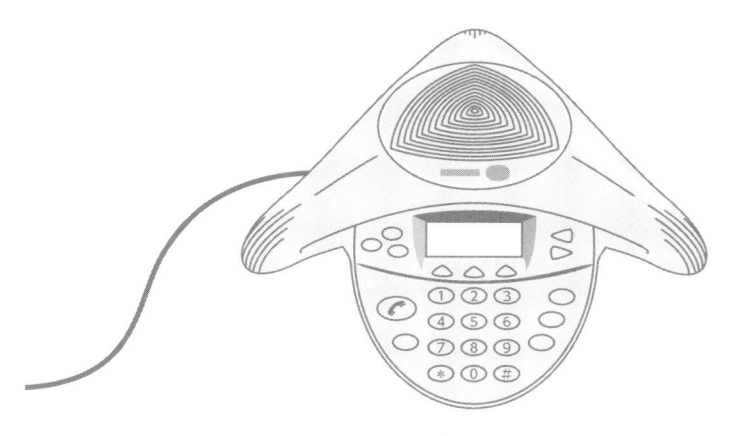

**電話会議用の装置**

# 5-2 リモートネットワーク技術

　PCやスマートフォンから、遠隔地にある別のPCを操作する技術を「リモートネットワーク技術」と呼びます。

　従来は、遠隔地に設置してあるサーバーをオフィスからリモート操作するために利用されていましたが、現在では一般ユーザー向けにも便利な利用方法が確立されてきています。

## 5-2-1　画面共有

　遠隔地のPCの操作画面をそのまま手元のモニターに表示します。電話で会話しながら操作の説明やサポートに利用するほか、Web会議においてプレゼンテーション資料の共有などにも利用されます。

　また、スマートフォンに画面共有アプリを導入すれば、自宅やオフィスのPCをスマートフォンの画面に表示することもでき、外出先からPC内のファイルをコピーするなど、簡易的な操作を実現できます。なお、画面共有には、共有元と共有先の双方のコンピューターが画面共有機能を有し、共有機能の許可設定をしている必要があります。

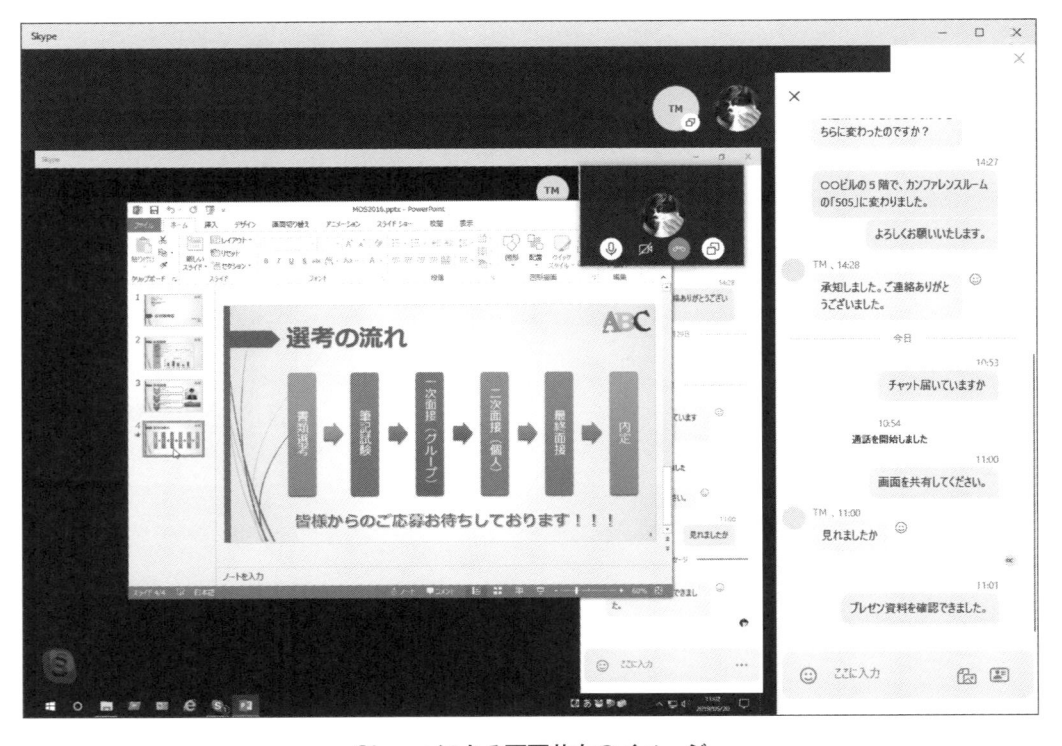

Skypeによる画面共有のイメージ

## リモートデスクトップ

　Windows10 Home を除く、Windows10の各エディションでは「リモートデスクトップ」という機能が搭載されています。リモートデスクトップを使用すると、リモート接続をする側のPCから、リモート接続を許可したPC（接続される側）にアクセスして、直接操作することができます。

　利用するには、[コントロールパネル] から [システムとセキュリティ] をクリックし、[リモートアクセスの許可] を選択します。[システムのプロパティ] ダイアログボックスの [リモート] タブが表示されたら、[このコンピューターへのリモート接続を許可する] を選択します。

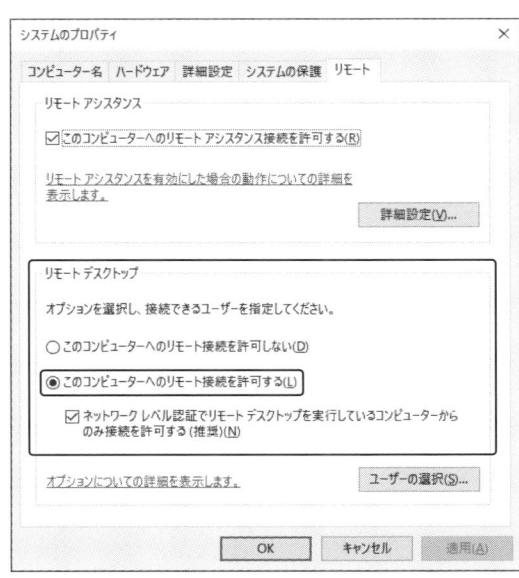

なお、リモートデスクトップでは、接続するユーザーを指定することができます。また、操作する側の環境は、Windows8、Windows8.1、Windows10を搭載したPCのほか、専用のアプリを導入するとMac OSやiOS、Androidからもリモート接続が可能です。Windows10では、「Windowsの設定」からもリモートデスクトップを設定できます。

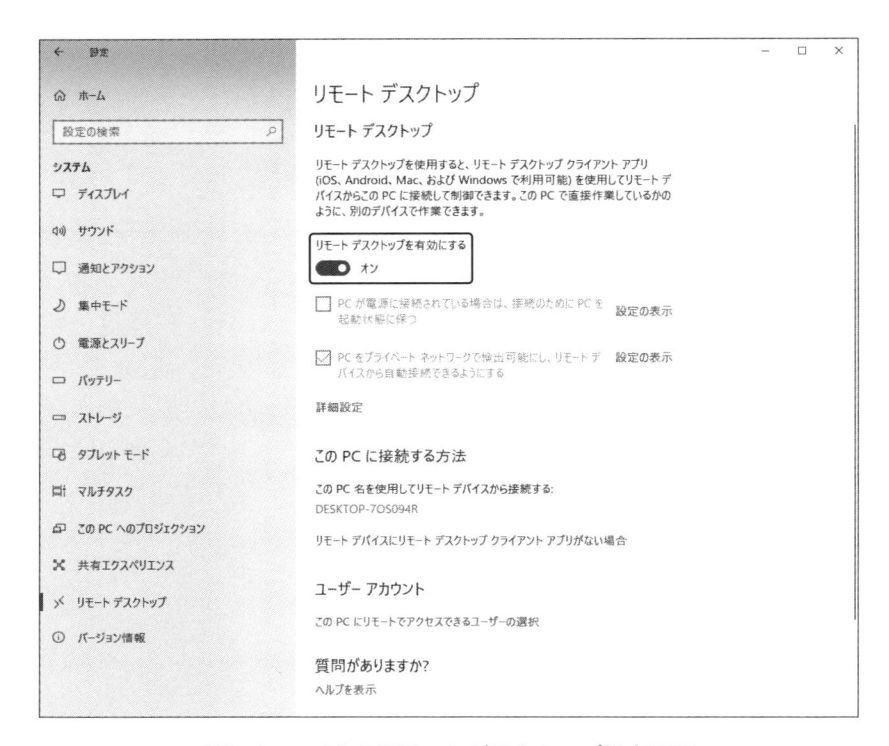

**Windows10のリモートデスクトップ設定画面**

## 5-2-2　テレワーク

　リモートコントロールを利用した、時間や場所にとらわれない自由な働き方を「テレワーク」と呼びます。テレワークはリモートネットワーク技術の進展により徐々に働き方の選択肢として普及が進んでいます。

　自宅のPCからリモートネットワーク技術を用いて、画面を共有しながら文書の共同編集や、企業のネットワークに参加して社内システムを活用した業務が可能になり、子育て中の人や通勤が困難な状況にある人でも働ける環境が整ってきています。また、特別な条件がない人であっても、自宅で仕事をすることでワークライフバランスの改善につながるため、積極的にテレワークを採用する企業が増えています。

　反面、テレワークは、労働時間の把握が難しく、結果的に労働時間が通勤形態の勤務よりも長くなる傾向も指摘されており注意が必要です。

　また、遠隔地にいる人がリモートネットワークを通じて共同で業務にあたることを「リモート

チーム」と呼びます。リモートチームで適切な業務を行うには、Skypeやオンライン会議システムなどのコミュニケーション環境の整備、スケジュールやタスクの共有、進捗状況などの報告ルール、ファイル共有のためのクラウドストレージの利用なども併せて準備する必要があります。

「ワークライフバランス」とは、仕事と生活の調和のことです。
内閣府が公開している「仕事と生活の調和憲章」では、誰もがやりがいや充実感を感じながら働き、仕事上の責任を果たす一方で、子育て・介護の時間や、家庭、地域、自己啓発などにかかる個人の時間を持てる健康で豊かな生活ができるような社会全体で仕事と生活の双方の調和の実現をうたっています。

## 5-2-3　オンライン教育サービス

インターネットの普及、クラウドサービスの発展に伴い、学習する環境も変化しつつあります。

### オンライン講座・オンライン講義

オンライン教育サービスは、遠隔地にいるユーザーがインターネット上で講義や講座を受けられるサービスで、「オンライン講座」や「オンライン教育」ともいいます。経済的な制約、居住地の問題、時間の制約などの理由から大学に通えない場合、PCとインターネット環境さえあれば、学習する機会を得られるようになります。

近年では、「MOOC（ムーク）」と呼ばれるインターネットを介した大規模な公開オンライン講座が広がっています。MOOCで提供されている多くの講義は、無料で受講できます。また、講義の種類も多く、興味のある講座を選んで学習できるのが特長です。

### 学習管理システム（LMS）

クラウドサービスの発展によって、インターネットを通じて講義動画を視聴して学習する「eラーニング」も社会に定着しつつあります。

eラーニングは講義動画だけでなく、テキストや問題集などのファイル提供や練習問題を実施できる「学習管理システム（LMS：Learning Management System）」を通じて提供されます。LMSは、学習者本人や管理者に対して学習の進捗を管理しレポートで表示する機能や、学習者からの質問に対応するなどのコミュニケーション機能を有しています。

# ソーシャルメディア

IT技術の進展とインターネットの普及に伴い、これまで限定されていた社会への情報発信を誰もが行えるソーシャルメディアが普及しました。

自由に情報を得られるソーシャルメディアは、多様な知識や意見が発信され、インターネット社会の象徴ともいえる存在です。

# ソーシャルメディア

「ソーシャルメディア」とは、インターネット上で個人が情報発信したり、ユーザー同士で交流したりするメディアのことです。新聞やテレビといった既存のマスメディアは、個人での情報発信は不可能であり、一方向の情報提供に留まりがちです。それに対してソーシャルメディアは、個人でもコストや手間をかけずに情報発信をすることができ、ユーザーと双方向のコミュニケーションを行えるのが特徴です。ソーシャルメディアを使用した情報発信は、企業や官公庁なども積極的に活用しています。

## 6-1-1　SNS（ソーシャルネットワーキングサービス）

ソーシャルメディアには、ブログ、ミニブログ、SNS（ソーシャルネットワーキングサービス）、動画配信、ソーシャルブックマークなどがあります。特に「SNS」は、趣味、地域、出身校など共通のつながりを通じて、人と人とのコミュニケーションの場を提供するオンラインサービスとして、スマートフォンの普及とともに急速に利用者が増えています。

インターネットには、ソーシャルメディアのサービスを提供するWebサイトが多数存在します。中でも、「Facebook（フェイスブック）」「LinkedIn（リンクトイン）」「Twitter（ツイッター）」「LINE（ライン）」は、世界中に億単位のユーザーを抱えるWebサイトで、文字通り社会を形成する役割を担っています。

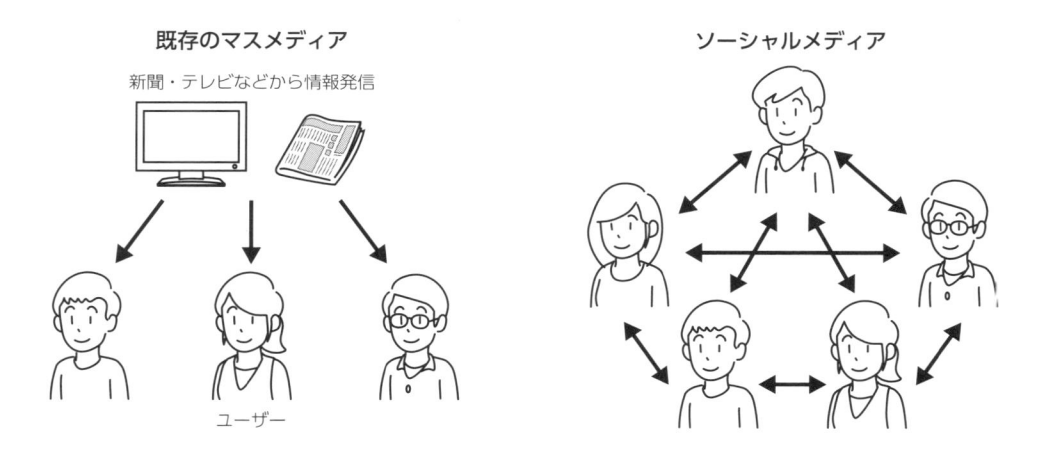

既存のマスメディア　　　　　　ソーシャルメディア

新聞・テレビなどから情報発信

ユーザー

## ▌Facebook

「Facebook」は世界最大のユーザー数を誇るSNSです。原則、利用者はアカウントを実名で登録して利用します。

Facebookには、「タイムライン」と「ニュースフィード」という画面があります。タイムラインには、自分が投稿した記事、動画、写真などが時系列で表示されます。ニュースフィードには、自分の投稿に加えて、「友達」承認している（された）ユーザーや「フォロー」しているユーザーの投稿、あるいは自分に関連した投稿が表示されます。

Facebookで「友達」になるには、自分が相手に友達申請して承認を得るか、相手からの友達リクエストに対して、自分が承認するといういずれかの方法で相互フォローする必要があります。なお、実名登録のSNSのため、まったく知らない人からの友達リクエストには慎重に対応するようにしましょう。

基本的に自分の投稿は、友達全員のタイムラインに表示されますが、自分が投稿した内容の公開範囲を設定することも可能で、自分のみ、友達、友達の友達、知り合い以外など、公開範囲を選択できます。

ニュースフィードに表示されている自分以外のユーザーの投稿には、「いいね！」「コメントする」「シェア」が表示されます。友達の投稿に対して「いいね！」をすると、コメントをしなくてもコンテンツを楽しんだことを伝えられます。また、「コメントする」からは、投稿に対して簡単なメッセージを送ることができます。「シェア」は、投稿主と友達ではない自分の友達向けに共有することができます。

## LinkedIn

「LinkedIn」は、Microsoft社が運営する世界最大級のビジネス特化型SNSです。ユーザー数は世界で4億人を超えます。LinkedInの一番の特徴は、ユーザー自身の履歴書に代わる自己紹介ツールであり、所属や経歴を元にビジネスに特化したつながりを構築できることです。

また、企業も多く参加しており、自社の情報発信やブランディングなどのマーケティング活動のほか、求める人材を検索しアプローチする採用活動に利用されています。

## Twitter

　「Twitter」は 140 字以内で投稿するソーシャルネットワーキングサービスのひとつです。匿名でも利用できるのが特徴です。Twitter の投稿は「ツイート」や「つぶやき」とも呼ばれます。

　Twitter で投稿するには、投稿欄に 140 字以内でつぶやきを入力し、[ツイート] ボタンをクリックします。つぶやきの入力中、[ツイート] ボタンの横に、残りの文字数が表示されます。この投稿は「タイムライン」と呼ばれる場所に時系列で表示されていきます。

　また、URL を含んだツイートは 140 文字以上になる場合もあるため、URL を短縮する機能「t.co」が備わっており、自動的に URL が短縮されるしくみになっています。

　投稿を常に読みたい相手を「フォロー」することで、その相手の投稿がリアルタイムでタイムラインに表示されるようになります。Twitter では、あるユーザーをフォローしている人を「フォロワー」と呼びます。

ほかのユーザーの投稿をそのまま引用したり、コメントをつけたりして、自分が投稿し直す「リツイート」も行えます。リツイートすると、自分のフォロワーのタイムラインにも、その投稿が表示されます。自分のツイートがリツイートされることで、直接のフォロワーでないユーザーにも、投稿が拡散していきます。リツイート以外にも、ほかのユーザー宛てにメッセージを送る「リプライ」機能もあります。

Twitterは短文で、件名などの入力も不要であることから、手軽に投稿できます。さらには、タイムラインに投稿が流れていくリアルタイム性、リツイートによる情報の広がりやすさ、不特定多数のユーザーと気軽に交流できることなどがメリットです。一方、匿名で利用できることから、不適切な内容が投稿されて荒れやすいなどのデメリットもあります。

## LINE

「LINE」は主にスマートフォンで広く利用されているSNSです。テキストチャットに加え、スタンプと呼ばれる画像を簡単に送信してコミュニケーションを図れることから、電子メールに代わり日常的なやりとりのために利用されています。

当初は比較的シンプルなチャット機能を提供していましたが、グループチャットやショッピング機能、電子決済機能など徐々に機能を増やしています。

## 6-1-2　その他のソーシャルメディア

SNSのほかにも、動画や写真などを公開することで情報発信を行うことができるソーシャルメディアが存在します。その代表格が「YouTube（ユーチューブ）」と「Instagram（インスタグラム）」です。

また、SNSが登場する以前から、ユーザー同士のコミュニケーションの場として活用されてきた「電子掲示板（BBS）」は、現在も活発に利用されています。

## YouTube

「YouTube」は、ユーザー自身が用意した動画を公開できるWebサイトです。原則無料で動画の公開と閲覧が可能です。多くのユーザーが身の回りの出来事や作品を公開し、閲覧者を楽しませています。

Google社が運営しているYouTubeは、主にページ上や動画の前後に広告を配信することで収益を得て運営されていますが、その広告費の一部が配信者へも還元されることから、「YouTuber（ユーチューバー）」と呼ばれる動画配信により収入を得るユーザーも登場しました。現在では、広告の非表示などの機能を有した有料版のサービスや音楽配信に特化したサービスも登場しています。

YouTubeには、「フォロー」という機能があり、閲覧者は気に入った配信者をフォローすることで、新たな動画の公開情報などを受け取ることができます。なお、フォローするユーザーのことをフォロワーと呼び、百万人以上のフォロワーがいる配信者もいます。

YouTubeでは著作権に違反した動画の配信は禁止されており、テレビ番組や市販DVDのデータを勝手に公開することは禁じられています。

## Instagram

　Facebook社が運営している「Instagram」は、ユーザー自身が用意した写真やイラストなどの画像を公開する写真共有アプリです。Instagramでも動画の投稿が可能ですが、動画の長さは1分以内と制限されています。YouTubeと同様に、原則無料で写真の公開と閲覧が可能で、多くのユーザーが身の回りの出来事や作品を公開して交流しています。

　閲覧者は画像にコメントを付けたり、ハッシュタグと呼ばれるキーワードを追加することで、同じ話題や趣味に関連する別の画像の閲覧なども可能です。

　また、Instagramには「ストーリーズ」と呼ばれる機能があります。写真や動画を組み合わせて3秒〜15秒の動画を24時間限定で投稿できるのが特徴です。

　元々は、写真を趣味とする人向けのSNSでしたが、カメラ機能を搭載するスマートフォンとの親和性が高く、近年急速にユーザーが増加しています。

## 6-1-3 内部向け（学内、社内）メディアサイトと公開メディアサイトの違い

　SNSをはじめとするメディアサイトには、社会に広く情報を公開できるソーシャルメディアとは別に、学内や社内といった内部向けのクローズドメディアサイトも存在します。

　内部向けのメディアサイトは、管理者によって許可されたユーザーのみが参加する限定されたコミュニティを形成します。そのため、より詳細なやりとりや対外的には公表できない情報の共有なども行うことができます。

　内部向けのSNSには、ファイル共有、掲示板、情報やノウハウの蓄積、データベース、チャット、スケジュール管理などの機能を有しているものがあります。たとえば、拠点数が多く、1つの部署に100名以上いるような大企業では、内部向けのSNSを利用することで、顧客情報の共有、関連部署やチームメンバーとの円滑で迅速な情報のやり取りが行えるようになります。また、ナレッジベースとして活用したり、特定のテーマに関して社内から多くの意見を集めたりする場合にも活用できます。

「ナレッジベース」とは、特定のテーマや問題に関するデータの集合体です。たとえば、ハードウェア製品メーカーのサポート情報やヘルプのWebサイトなどがナレッジベースに該当します。信頼性の高い情報は、FAQとして体系的に整理されていたり、キーワード検索ができたりするため、有益な情報を効率よく取得できます。

　不特定多数のユーザーとコミュニケーションを図るソーシャルメディアと比較して、内部向けのメディアサイトは、既存のグループのコミュニケーションをより円滑に行うためのサービスといえます。

　代表的な内部向けメディアサイトサービスには、「Yammer（ヤマー）」「Slack（スラック）」などがあります。

| サイト名 | 説明 |
|---|---|
| Yammer | Microsoft社が運営する企業・組織向けのクローズドSNS。<br>メッセージ機能やコミュニティ機能、グループの公開・非公開の設定やオンライン（利用中）メンバーの把握、ファイル共有などが行える。 |
| Slack | チームコミュニケーションを目的に、1対1のチャットやグループチャット、音声通話を利用できるクローズドサービス。<br>スマートフォンとの親和性が高いのが特徴。 |

　なお、Facebookも当初は大学の学生限定の内部向けのSNSでしたが、今ではアカウントを登録すれば誰でも利用できるオープンSNSとなっています。

# 6-2 ブログ、Wiki、フォーラムの違いと利用方法

コミュニケーション機能が充実しているSNS以外にも、情報発信や議論の場としてインターネットは活用されています。その代表格が、ブログ、Wiki、フォーラムです。

## 6-2-1 ブログ

日々、継続的に更新される日記風のサイトを「ブログ」といいます。内容は個人の日記や意見、時事問題のほか、専門的なトピックに関する分析や解説など、さまざまです。このような投稿した記事のことを「ブログエントリー」と呼びます。無料でブログサイトを開設できるサービスが増え、HTMLの知識がなくても簡単に記事を投稿できることから、ブログは急速に普及しました。

多くのブログは新しい記事から順に時系列に配置されています。ブログには、ブログの著者である「ブロガー」が情報を発信するだけでなく、記事を閲覧したユーザーが感想を書いたり、その感想に対してブロガーが返信したりする「コメント」機能があります。また、ほかのブログに自分のブログ記事へのリンクを貼る「トラックバック」などの機能もあり、ブロガーと読者、ブロガー同士で相互につながり合うこともできます。

ブログサービスには、WordPress.com、アメーバブログ、FC2ブログなどがあり、ほとんどが無料で利用できます。

## 6-2-2 Wiki（ウィキ）

「Wiki」は、インターネット上の編集可能な文書群のことで、多くのユーザーによって、さまざまな情報の中から価値ある情報だけが残るしくみです。継続的改善によって形成された情報からは、活用に適した情報を得られる可能性が高いといえます。代表的なサービスに「Wikipecia（ウィキペディア）」があります。Wikipediaは世界中で利用されている巨大なWikiで、言語ごとに記事の編集と公開が行われています。記事は誰でも編集できますが、管理者によって、言語ごとにページの削除や保護、注釈の追加などの管理が行われます。

## 6-2-3 掲示板（BBS・フォーラム）

「掲示板」とは、複数のユーザーがメッセージを自由に書き込めるWebサイトのことで、「フォーラム」、「BBS」（Bulletin Board System）ともいいます。

共通のテーマや話題に興味を持つユーザーが集まり、公開討論や交流、情報交換などを行います。会員しか閲覧や投稿ができない掲示板もあります。リアルタイムでのやり取りが行えますが、ユーザーがオンライン状態でなくとも、閲覧や投稿することが可能です。

インターネット上の掲示板には、あるテーマについて参加者同士が議論をする公開討論サイトや、参加者の質問に対してほかの参加者が回答するQ&A掲示板、商品やサービスの提供元が運営し、ユーザーをサポートしたり、ユーザー同士で情報交換したりする掲示板やSNSなどがあります。

参加者は基本的に、そのトピックに関心を持つ個人ですが、掲示板によっては専門家や専門家に近い知識を備えた人が参加していることもあります。また、Q&A掲示板では、ほかの参加者が、自分の抱えている問題と似た問題の解決方法を教えてくれたり、建設的にレビューをしてコメントをくれたり、役立つ情報が得られる場合も少なくありません。

掲示板で提供されている情報は、発信者のプロフィールや過去に提供した情報などを参考にして、有益性を判断します。

自分が掲示板のよい参加者になるには、有益な情報のみを提供し続けることが重要です。そして、相手にお礼を述べる、むやみに非難しないなどのマナーも求められます。

chapter

07

# デジタル社会の
# ルールとモラル

デジタル社会は情報技術の進展がきかっけとなって広がってきました。しかし技術が進展したとしても、その技術を活用したサービスの提供や利用するユーザーの知識が伴わなければ社会に浸透することはありません。

つまり、情報技術の進展だけでなく、社会を構成する私たちがその技術の変化に対応してきたからこそ、現在のデジタル社会があるといえます。ここでは、デジタル社会で暮らしていくために必要なルールとモラルについて学習します。

# 7-1 テクノロジーの変化に対応する必要性

デジタル社会は、テクノロジーの変化に呼応する形で変化を遂げています。以前は直接の会話によるコミュニケーションだったものが、手紙、電話と変化し、その後、携帯電話や電子メール、近年ではスマートフォンによるチャットやビデオを用いた通話、3人以上での同時コミュニケーションといった形態へと変化を遂げています。

## 7-1-1 ユーザー側の意識

テクノロジーの変化に伴い、コミュニケーションツールは多様化しています。そのためユーザーは、状況や目的に適したコミュニケーションツールの選択が必要です。

テクノロジーの変化により、近年利用されているコミュニケーションツールでは、次のような使い方が選択されています。

- リアルタイムでの対話や迅速な情報伝達が必要な場合は、電話やチャット、Skypeを利用する
- あとで見直す機会がある場合は、コミュニケーションの記録を残せるメールを利用する
- 顔を見ながらコミュニケーションをとる場合はSkypeなどのビデオ通話を利用する
- 多数の人に情報を発信する場合は、SNSやソーシャルメディアを利用する

### コミュニケーションツール選択時の制限

コミュニケーションツールを利用するうえで大前提となるのは、双方が同じツールを利用できる環境と利用スキルを持っていることです。

たとえば、Skypeでビデオ通話を利用する場合は、双方のPCかスマートフォンにSkype用のアプリケーションがインストールされていること、PC環境の場合はWebカメラが利用できるようになっていること、インターネット接続できる通信環境があること、そして、ユーザーがSkypeを操作できる利用スキルを有していることが必要になります。

また、海外への連絡時は時差を考えるべきであり、時間帯に応じて電話ではなく電子メールを選択するなどの配慮が必要です。

このように、コミュニケーションツールが多様化することで、相手のスキルや環境に依存する制限が生じていることも認識しておく必要があります。

## ツールによるコミュニケーションの変化

コミュニケーションツールの多様化に伴い、従来とは違った手段で情報伝達やコミュニケーションを図ることが可能になりました。

たとえば、企業の採用活動や学校の入学審査では、遠隔地にいる応募者に対してSkypeなどのWeb会議システムや電話会議システムを利用するケースが増えています。

また、学習形態にもさまざまな種類があり、対面式の講義や従来型のテキストやDVDによる通信講座のほかに、インターネットを利用したオンライン講座も普及しています。オンライン講座は対面式の講座と異なり、近隣では受講できない内容を受講できたり、経済的または時間的な理由で対面式の講座に通えない人にとっての新たな選択肢となっています。インターネットを利用することで従来の通信講座に比べて双方向性が加わり、質問対応やモチベーション維持の機能も充実が図られているのが特徴です。

# デジタル機器を使用する際の健康管理

コンピューターを使って長時間作業していると、疲れ目や腰痛などの健康障害を起こしたり、さまざまなストレスを抱えたりします。ここでは、身体的な負担を軽減する習慣や人間工学（エルゴノミクス）に基づいた作業環境について学習します。

なお、人間工学とは、人間の生理的反応や身体的特徴を考え、人間にとって使いやすい機器や作業環境を研究する学問です。人間工学に基づいた利用環境を用意することで身体的な負担の軽減につながるだけでなく、快適にコンピューターを利用できるようになります。

## 7-2-1 インターネット中毒の兆候

インターネットサービスの充実やスマートフォンの普及に伴い、インターネット中毒やゲーム中毒などが社会問題化しています。コンピューターやスマートフォンを適切に利用しないと、次のような精神面・身体面での不調が現れるので注意が必要です。

- 極度の疲労から睡眠習慣が乱れる
- ほかのことへの興味を失う
- インターネットを始めると時間の経過を忘れる

このような中毒の兆候が出始めると、コンピューターやスマートフォンの使用時間について嘘をついたり、インターネットの使用に対して言い訳したりと、周囲から不評を買う言動なども出るようになり、結果的に家族や友人から孤立する事態も生じます。

長時間の利用や不適切な姿勢での利用は、身体面だけでなく精神面にも悪影響があり、社会性を損なう原因となるので正しい習慣や環境を整える必要があります。

## 7-2-2 コンピューターの利用に望ましい習慣

コンピューターを日々快適に利用するには、身体的、精神的にストレスがかからないような習慣を身に着けることが重要です。

### ┃ 画面を見る時間

コンピューターの画面を見続けると眼精疲労が蓄積します。疲労が蓄積すると集中力が欠け、ミスにつながるため注意が必要です。

そのため、画面を見る時間はおよそ1時間程度、長くとも2時間を目安に10分程度の休憩をは

さむようにします。

## 姿勢

　コンピューターを使った作業中は、体の負荷を減らすために床に足を付けた状態で、太ももが水平になり、かつ、腰から背中、頭がまっすぐな姿勢が望まれます。背骨が前後左右に曲がった姿勢も避けるべきです。

　無理な姿勢で長時間作業をすると、背中や腰の痛み、頭痛やめまいなどが生じる恐れがあります。また、正しい姿勢での作業に比べ、疲労も大きくなります。それらの弊害を避けるには、正しい姿勢とともに、適度に休憩をはさむなどの対策も有効です。

# 7-2-3　人間工学的に望ましい環境

　人間工学に基づいたコンピューターの配置や椅子、入力装置を用意することで、身体的な負担を軽減することができます。

## コンピューターの配置

　モニターは目や首や背中に不自然な動きや姿勢を強いないよう、目線に合わせた位置に設置します。モニターの適切な高さは、モニター上部が目線と同じ、もしくはやや下が目安です。目からモニターまでは、45 〜 75cm程度の距離を空け、正面にモニターを配置して角度を調整します。

　明るすぎるモニターは目に負担をかけます。モニター用のフィルターやフィルムを付ければ輝度や照度を抑えることができます。また、モニターのちらつきも眼精疲労や頭痛の原因になります。高解像度モニターに交換したり、高解像度設定に変更したりします。また、作業中は適度に休憩をとり、目を休めるよう心がけます。

### 人間工学的に不適切なモニターによって生じる問題

　人間工学的に不適切なモニターを使った長時間の作業は、「VDT症候群（Visual Display Terminal Syndrome）」と呼ばれる症状を引き起こす原因となります。VDT症候群には、視力低下やドライアイ、肩こり、腰痛などがあります。

## 入力デバイスの利用

　コンピューターでは、主にキーボードとマウスで入力作業を行います。キーボードやマウスは、手首や肘や肩が自然な形になるように使います。手首が大きく曲がるなど、不自然な状態で長時間作業すると、腱鞘炎などの弊害が生じる恐れがあります。人間工学に配慮したデザインのキーボードやマウスを使ったり、手首を置いたときに手首がまっすぐに近い自然な状態でキーボードやマウスが使える「リストレスト」や、腕を置いたときに肘を肩から自然に下ろした状態でキー

ボードやマウスが使えるようにする「アームレスト」を使用して、手首や肘、肩の負担を軽減することを心がけましょう。人間工学的に優しいキーボードには次のようなものがあります。

| キーボード | 特徴 |
|---|---|
| リストレスト付きキーボード<br> | 手前の部分にリストレストとなるスペースが付いている。 |
| ユーザー設定ホットキー付きキーボード | ホットキーに指定した操作を登録し、押すだけで実行できる機能を備えているので操作性を向上して疲労を軽減する。 |
| USB 接続スリムキーボード | キーの周囲の枠の部分の幅を狭くしたり、必要最小限なキーに絞ったりして、占有スペースを極力小さくしたキーボード。リストレストやアームレストを置きやすくなっている。 |
| 角度調整機能付きキーボード | 本体下に足となるパーツが付けられており、起こすことでキーの面に角度を付けることができる。<br>キーボードを二分割して、肩や肘の負担を軽減できる。 |
| お椀型キーボード | キーが縦横にまっすぐ並ぶのではなく、左右の手にあわせて曲線状に配置されたキーボード。上方向に丸みも付けられており、指が自然なかたちでキーボードを利用できる。 |

## ▍人間工学的に不適切なキーボードやマウスによって生じる問題

　手首や肘や肩が不自然な形で、長時間にわたりキーボードやマウスを利用していると、肘、手、腕などにしびれや痛みを感じたり、力が入らなくなったりする恐れがあります。ひどくなると腱鞘炎を引き起こすこともあります。なかでも、人間工学的に不自然な持ち方でマウスを使うことによって生じる腱鞘炎を「マウス腱鞘炎」と呼びます。このような障害を「反復性ストレス障害」といいます。

# ▌椅子

　椅子の高さや形状が人間工学的に不適切だと、不自然な姿勢での作業を強いることになり、背中や腰などに痛みが生じる恐れがあります。腕が疲れる場合は、肘掛け付きの椅子を使うと腕の負担を軽減できます。

　床に足を付けたときに太ももが下がった状態になると、太ももが圧迫され、痛みやむくみなどの原因となります。太ももが水平になるよう、椅子の高さを調節しましょう。調節しても水平にできなければ、床の上に設置し、その上に足を置くことができるフットレストを用いて足の高さを高くします。

　また、背もたれがまっすぐで体に沿わない椅子や、柔らかすぎる椅子は腰に負担がかかります。体と椅子の間にすき間ができて、腰から背中、頭がまっすぐな姿勢に保ちづらい場合は、椅子の背もたれ部分に取り付ける補助用背もたれ（ランバーサポート）を用いるのも得策です。

　椅子の高さにあわせて、机の高さも腕の位置や角度が自然になるよう調節したり、作業環境にあった高さの製品を選んだりすると良いでしょう。

# ▌照明

　作業する室内とモニターの明るさの差が大きいと、目に負担がかかります。そのため、照明を点けて室内を適度な明るさにするなど、明暗の差が極力小さくなるようにします。モニター上における照度（明るさ）は500ルクス以下、キーボードや書類上など周辺における照度は300ルクス以上が望まれます。

モニターの高さは目線のやや下、正面から45〜75cmの距離を空けて配置

入力デバイスの利用

姿勢

手首、ひじ、肩が自然な形になるようにする

椅子

太ももが水平になるように椅子の高さを調節

**理想的な作業姿勢**

# 7-3 オンライン上の アイデンティティ管理

インターネットを通じて、さまざまな情報発信やコミュニケーションが可能になったことで、ユーザーの個人情報やソーシャルメディアへの投稿や発言を元に「オンラインアイデンティティ」と呼ばれるインターネットにおける情報発信者としての人格が形成されます。

オンラインアイデンティティは適切に管理することで、コミュニケーションが円滑に進められる一方、管理が不適切であるとトラブルにつながる可能性があります。

## 7-3-1 ブランド管理

オンラインアイデンティティは、ユーザー自身のブランドであるといえます。オンラインアイデンティティは、ユーザーの人物評の参考になるため、たとえば、一部の企業では採用候補者の名前をGoogleやSNS上で検索して人物評定に利用することもあります。ビジネスとプライベートは別という考え方もありますが、企業はプライベートも含めてその人の情報発信から人物像を確認します。

また、複数のアカウントを利用して情報発信したとしても、友人のつながりなどをきっかけに個人が特定され紐づけられることもあります。そのため、どんな内容であれ、誰に見られても恥ずかしくない情報発信を普段から心がける必要があります。

なお、オンラインアイデンティティはインターネット上の「デジタルフットプリント」の情報を中心に形成されます。

### ┃ デジタルフットプリント

インターネットを利用すると、ユーザーの登録情報、ブログの投稿、ソーシャルメディアの記事やコメントの投稿、電子メールの送受信記録、Webページの閲覧履歴などが記録として残ります。これらの記録を総称して「デジタルフットプリント」と呼びます。

特にユーザー情報やソーシャルメディアの記事など、周りのユーザーに公開されている情報は、自分という人物に対して他者が持つ認識（印象）を決めてしまうため、以下のような点に注意して、適切に管理する必要があります。

- 個人情報の登録・公開内容の取捨選択を行う
- 投稿・コメントの公開範囲を適切に設定する
- 投稿・コメントで差別的な表現や不当な批判は行わない
- ほかのユーザーの個人情報や、個人を特定できる情報を勝手に公開しない
- 自分の利益のために、本来勧めるべきではない商品や情報などを紹介しない

・法律に反するような発言や行動をしない

　もしも、誤った情報を発信したり、不適切な行為や発言をしたりした場合、一度インターネット上で拡散されてしまったものを止めるのは非常に難しくなります。たとえば、誤った投稿記事をブログから取り下げることができても、別のユーザーがその記事を引用して拡散していたり、画面ショットを掲載したりすることで、いつまでもインターネット上に残ってしまう可能性があります。そのような場合、拡散したユーザーを通報することも、拡散をやめてもらうことも難しくなります。

　不適切な投稿やふるまいをしないことが第一ですが、万が一そのような行為をしてしまった場合は、ただちに謝罪や訂正を行う必要があります。

# 7-3-2　ユーザー情報の管理

　ソーシャルメディアやオンラインゲームでは、ユーザー情報の管理を適切に行うことで、安全で円滑なコミュニケーションを実現できます。

## Facebookでのユーザー情報管理

　Facebookのプロフィール機能では、自己紹介文や生年月日、性別以外にも、勤務先、職歴や学歴、居住地・出身地、自分の管理する外部のWebサイトやソーシャルメディア、家族構成などが登録できます。

　これらの情報は公開範囲を、「自分のみ」「友人」「友人の友人」「全体」の中から選択できます。また、特定のユーザーに対しては公開する情報を制限することも可能です。

　なお、Facebookは実名主義であり、ニックネームの登録はできません。実名以外の登録名で利用していると、利用停止措置を受ける可能性もあるため注意が必要です。

## Twitterでのユーザー情報管理

　Twitterでは、ニックネーム、誕生日、居住地、自分の管理する外部のWebサイトをプロフィール情報として公開できます。また、ツイート（投稿）の公開範囲を、全ユーザーに表示される「公開」とフォロワーのみが閲覧できる「非公開」で設定できます。

　なお、公開・非公開の設定はツイートごとではなく、全体の設定になる点は注意が必要です。

## LinkedInでのユーザー情報管理

　LinkedInは、ビジネスの人脈形成や転職活動などを中心に利用されているソーシャルメディアです。

　自己紹介文や職歴、学歴のほかに、自分の持つスキル、特許や出版物などの実績、利用可能な言語、ほかのユーザーからの推薦などを公開できます。

## 7-3-3　個人用と仕事用のアイデンティティの区別

インターネット上のコミュニケーションには、プライベートなものも仕事に関するものもあります。そのため、コミュニケーションツールを適切に使い分けることで、ワークライフバランスやプライバシーの確保、仕事面での秘匿性の確保に効果がある場合があります。

ただし、オンラインアイデンティティの個人用と仕事用の区別は確実にできるものではないため、どういった利用方法であっても、仕事や社会における立場にマイナスの影響を与えるような行為や言動は避けなければなりません。

たとえば、会社の電子メールは、業務で使用するもので個人的な連絡には不適切です。また、個人用のメールアドレスを業務で使用すると会社の情報を漏洩する危険性が高まるため、個人用と仕事用の電子メールアドレスは分けて管理をしたほうが良いとされています。

また、LinkedInのようにビジネスに特化したSNSやサービスでは、参加時からビジネスパーソンとしての立場を明らかにして利用することにより、仕事に関連する人脈の形成や情報収集、あるいは情報共有などに役立てることができます。

一方で、勤務先への批判的コメントをつぶやくような行為は、個人用のアカウントであっても不特定多数が見るソーシャルメディアで行うべきではありません。勤務先の環境改善などについては、上司や同僚、人事部など別のしかるべき社内の相手に相談し解決を図るようにしましょう。

なお、フォーラムの政治に関するトピックで特定の立場を支持するといった行動は、それを見た相手によって反応に差が出るので、慎重に行う必要があります。少なくとも仕事用のアカウントでは行わないようにする配慮が必要です。

ネットいじめ（サイバーいじめ）

インターネット上のコミュニケーションは、自由な発言の場として評価される一方で、自由であるがゆえにマナーを守らず、ほかのユーザーに迷惑をかけたり、悪意のある振る舞いをするユーザーも存在したりするという負の側面もあります。

自分がその被害者にならないようにするためだけでなく、知らないうちに周りに迷惑をかけてしまわないようにするためにも、注意すべき点について学習します。

## 7-4-1 悪意のある行為

### ネットいじめ

ソーシャルメディアなどにおいては、特定の個人や企業を誹謗中傷する「いじめ」も起こる可能性があります。

特にグループで利用するコミュニティでは、コミュニティからの排除や参加の不承認などの仲間はずれに当たる行為や、複数人から特定のメンバーへの辛辣な発言などが問題になります。グループ内のいじめ以外にも、特定の人物について虚偽の情報をSNSに投稿する行為や、直接脅迫的なメッセージを送るといった行為もネットいじめに該当します。

また、悪意がない場合でも、テキストによるコミュニケーションは感情が伝わりにくい分、勘違いさせるような発言や相手の気に障る発言をしてしまいがちです。それがきっかけでいじめの対象とならないよう、メッセージを送信したり公開したりする前には、内容が適切かどうか確認するとよいでしょう。

### フレーミング（悪意のある書き込み）

「フレーミング」とは、掲示板やソーシャルメディアなどで、相手を怒らせたり苛つかせたりする目的でメッセージを送信・投稿することです。インターネット上では「あおり」とも呼ばれます。匿名でやりとりされる掲示板やソーシャルメディアなどでは、発言した本人の特定が難しいため、フレーミングをきっかけに炎上することがあります。

相手からフレーミングと思われるメッセージを受け取っても、挑発に乗らず、冷静に返信したり、受け流したりすることが求められます。また、誤って相手にフレーミングと解釈されるメッセージを送信しないように、内容や言葉遣いを注意する必要があります。

## 名誉毀損、誹謗中傷

　掲示板やソーシャルメディアで個人や企業を誹謗中傷する内容を投稿したり、信頼を失墜させるような噂や間違った情報を広めたりすると「名誉毀損」になります。名誉毀損は刑法上の犯罪にあたり、不法行為として罰せられます。

　特に匿名の掲示板やソーシャルメディアでは、気軽な書き込みや投稿により、名誉毀損が起こりやすくなります。たとえ匿名でも、不法行為ならISPの協力によって発信者の特定は可能です。名誉毀損を行わないよう、ネチケットを守ってインターネットを利用します。

　なお、自分が名誉棄損や誹謗中傷の被害に遭った場合は、被害の証拠を画面ショットなどで記録し、しかるべき機関に相談や通報をします。特に加害者の居住地が判明している場合は、所轄の警察署や役所の窓口へ連絡を取り指示を仰ぎましょう。

## 7-4-2　ネチケット

　インターネットを利用する際のルールやマナーのことを「ネチケット」と呼びます。「ネットワーク上のエチケット」という言葉から生まれた造語です。

　インターネット上には、ブログ、Twitter、Facebook、チャット、電子メールなどのさまざまなコミュニケーションツールが普及しています。正しく安全に利用するためにはネチケットを守ることが大切です。また、企業や学校では、独自のガイドラインを設けている場合があり、それらを守ることが求められます。

　特に、ユーザーはコンピューターのみに向き合っているのではなく、その先に人がいるということをしっかりと意識して、円滑なコミュニケーションを図るような配慮が必要です。

# 7-5 知的財産（所有）権とその利用法

デジタル社会では、法律に関する知識も必要です。特に著作権に代表される知的財産権に関する法律違反は、悪意がなくても犯してしまう危険があるので、適切な利用を心がけます。ここでは、知的財産権とその利用法について学習します。

## 7-5-1 知的財産権

「知的財産権」とは、人間の幅広い知的創作活動の成果（財産）に対して、その創作者の権利を一定期間保護するものです。知的創作活動とは、製品の技術やデザインから音楽や写真などのコンテンツに至るまで、幅広い内容を包括しています。

知的財産権には大きく分けて「著作権」と「産業財産権」があります。産業財産権には「商標権」「特許権」「実用新案権」「意匠権」などがあります。新しい技術やデザインについて独占権を与え、他者による模倣を防止するなど創作者の利益を保証します。

インターネットで情報を扱う際は、これらの知的財産権を侵害しないよう注意する必要があります。

## 7-5-2 著作権

知的財産権のひとつである「著作権」は、著作物の財産的価値を保護する権利であり、「著作権法」に定められています。特許庁などに届け出なくとも、創作の成果である「著作物」を作成した時点で、著作権は著作者に対して発生しますが、取引の安全を確保したい場合は、文化庁に届け出・登録することができます。

著作物には小説、論文、講演などの文章、音楽、美術、建築、地図や学術的な性質を持つ図面や図形、映像、写真、プログラム（ソースコード）などが該当します。著作権を有する者を「著作者」と呼びます。

著作者は著作権によって、自分が創作した著作物に関するさまざまな権利を有することになります。権利の例には、次のようなものが挙げられます。

| 権利 | 内容 |
| --- | --- |
| 複製権 | 著作物を複製する権利 |
| 公衆送信権 | 著作物を放送やインターネットで送信する権利 |
| 口述権 | 著作物を公に口述する権利 |
| 頒布権 | 映画などの著作物を複製して頒布する権利 |

### 肖像権

「肖像権」は、人の姿形について、本人の許可なく撮影、描写、公表されない権利で、個人のプライバシーを侵さない権利でもあります。インターネットで情報発信する際は著作権とともに、肖像権にも注意が必要です。

たとえば、友人と一緒に写っている写真を、自分のSNSやWebページに掲載する場合、写真は自分の著作物ですが、それに写っている友人の姿には友人の肖像権が発生します。友人の許可を得ることなく勝手に載せることはできません。不特定多数の人が閲覧するかもしれないSNSやWebページに掲載する場合は、掲載の許諾を得るようにしましょう。

## 著作権の侵害

著作者のみが有する権利を第三者が侵害する行為を「著作権侵害」といいます。たとえば、自分のSNSやブログで、自身が作成した文章やイラスト、写真などを公開していた場合、それを他者が無断でほかのSNSやブログ、あるいはWebページなどに掲載する行為は著作権侵害にあたります。著作者は、侵害行為にあたる掲載の差し止めや損害賠償を請求できます。

著作権侵害の被害を軽減するには、「Copyright（コピーライト）」で著作者を明記したり、著作権に関する注意を記載したりするとよいでしょう。逆に、他者の作成したコンテンツの著作権を自分が侵害しないようにするためには、引用や出典元を明記するなどの注意も必要です。

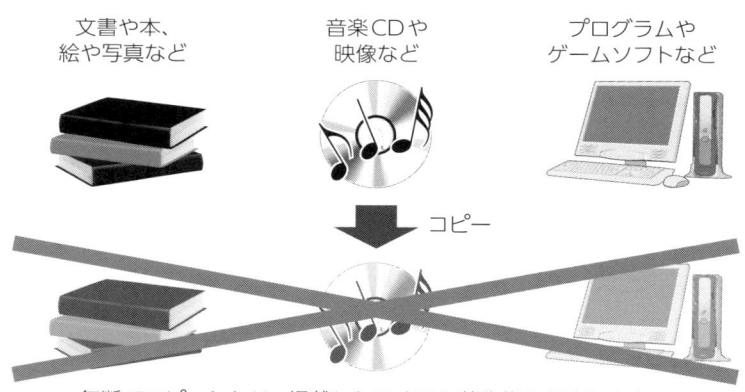

無断でコピーしたり、掲載したりすると著作権の侵害にあたる

### ダウンロード違法化

インターネット上には、著作者の許可を得ていない映画や音楽、書籍などのファイルが出回っています。従来はそれらをネット上に公開した者のみが著作権法違反とされていましたが、2010年の著作権法改正によって、違法であると知りながらダウンロードやコピーした者も著作権侵害と見なされ罰則が科せられるようになりました。

## ▌ 著作物の無断利用にあてはまらない例

自分が購入した音楽CDであっても、コピーする行為は原則として著作権侵害にあたります。ただし、個人の限られた範囲で使用するためのコピーは、違法性に乏しく侵害行為にはあたりません。複製を作りたい場合は、その利用目的が私的使用に該当するのかをきちんと確認する必要があります。

なお、DVDなど販売時点でコピーコントロール技術によりコピーが制限されているものについては、それが私的な利用であってもコピーしてはいけません。

## ▌ 著作物の引用

公表された他者の著作物を自分の著作物に引用するには、引用であることや出典を明記したうえで利用できます。ただし、やみくもに引用するのではなく、引用の必然性があること、適切な範囲内での引用を心がけることが必要です。

このような適切な使用を「公正使用」といいます。ただし、原文を全文引用するなど正当な範囲を逸脱したり、自分が創作したように主張したりすると、盗作行為にあたるので注意が必要です。

## ▌ 公有財産

社会全体の公有の財産で、著作権の制限の対象とならない作品を「公有財産」または「パブリックドメイン」といいます。公有財産は、誰でも無料で利用できます。無料で利用できることからフリーウェアと似ていますが、公有財産は主に、著作権法で保護される期限を過ぎたり、著作権が消滅したりした作品で、知的財産権が設定されていない点が異なります。

# 7-5-3 産業財産権とライセンス

産業のアイデアや技術、デザインなどの権利を総称して「産業財産権」と呼びます。産業財産権は、発明やデザインなどについて、独占権を与えることで模倣を防止し、信用力の向上や研究開発の発展を図るための権利です。

著作権と異なり、権利の自然発生はせず、特許庁に出願し登録されることによって、一定期間独占的に使用できる権利として認められます。主な産業財産権は、次のとおりです。

| 権利 | 内容 |
|---|---|
| 商標権 | 商品名、サービスに使用するマークを保護する。<br>保護期間：登録から10年（以降も更新により存続が可能） |
| 特許権 | 発明、アイデアを保護する。<br>保護期間：出願から20年（一部25年に延長） |
| 実用新案権 | 物品の構造や形状に関する発明を保護する。<br>保護期間：出願から10年 |
| 意匠権 | 物品のデザインを保護する。<br>保護期間：登録から20年 |

## ライセンス契約

　商用のソフトウェアは、利用する前に合法的なライセンス契約「ソフトウェア使用許諾契約」を結ばなければなりません。一般的には、インストール時や初めてソフトウェアを利用する前にライセンス契約の内容が提示され、一読したあとに、合意を意味するボタンをクリックすることでライセンス契約を締結したことを証明します。さらに、ソフトウェアの利用を開始するには、正規のユーザーのみに知らされた「シリアルナンバー」などを入力する必要もあります。

　ソフトウェアメーカーが定めた規定に基づき、教育機関、教育機関に所属する児童・生徒・学生、教職員を対象に利用できるライセンス契約があります。教育機関として一括購入する場合を「アカデミックライセンス」といい、教育機関に所属する個人を対象に購入する場合は「アカデミック版」「アカデミックパッケージ」と呼びます。

　合法的なライセンス契約を結ばずにソフトウェアを利用すると、メーカーから使用停止や損害賠償を請求される可能性があります。ユーザーは、利用するソフトウェアが正規のライセンス契約を結んだものか必ず確認します。学生や教職員に提供されているアカデミック向けのソフトウェアを不正に購入したり、使用したりしてはいけません。また、コンピューターの管理者はソフトウェアがライセンス契約に違反して使われていないか、インストールされているパソコンの台数を把握するなどの管理が必要です。

「シリアルナンバー」または「シリアル番号」は、大量生産された製品に対して、各製品の個体を識別するために付与される製造番号です。コンピューター業界では、ソフトウェア製品のライセンスごとに割り当てられた識別番号をシリアルナンバーといいます。シリアルナンバーを入力することで、正規に購入したソフトウェアであることを証明します。

## サービスとして販売されるソフトウェア

　近年は、サービスとして販売されるタイプのソフトウェアが増えています。代表的なものとして、「SaaS」(Software as a Service) があります。SaaSはサーバーに用意されたOfficeソフトやメール機能などをインターネット経由で提供します。

　ユーザーは、Webブラウザーなどを通じてサーバーにログオンし、ソフトウェアの機能を必要な分だけ購入して利用します。パッケージソフトと比べて、インストールの手間やコストがかからない、インターネットを利用できる環境であれば、どのコンピューターからも利用できるといったメリットがあります。

　ソフトウェアのアップデートやメンテナンスなどはサービス事業者が行うため、ユーザーはそれらに要するコストや労力が必要なく、常に最新版を使用できるというメリットもあります。

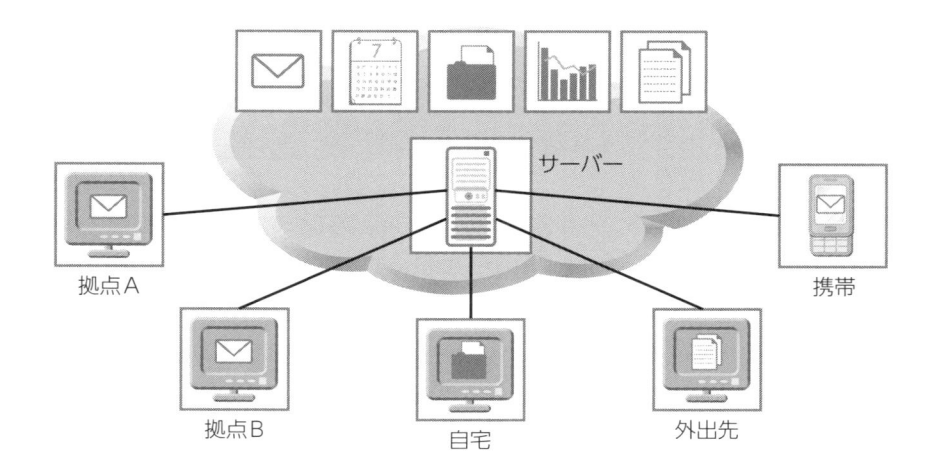

## ソフトウェアの流通方法

ソフトウェアの流通方法はライセンス契約以外にも、さまざまな種類があります。

### ●フリーウェア

無料で誰でも自由に利用できます。無料の代わりに広告が表示されるタイプもあります。また、外付けハードディスクに付属しているバックアップソフトなど、ハードウェアにバンドルされた無料ソフトウェアもあります。

### ●シェアウェア

入手して一時的に使う場合は無料ですが、使い続けるにはライセンス契約を結ぶ必要があります。

### ●オープンソース

無料で利用できるソフトウェアであり、なおかつ、ソースコードが公開され、改良や再配布が可能となっています。フリーウェアやシェアウェアとの違いは、改良や再配布が禁止されていない点です。

このほかにも、ソフトウェアは無料で入手できるものの、一定以上の機能を使うには、別途料金を支払う必要があるなど、さまざまな流通方法があります。

インターネットの不適切な利用を防ぐためには、ユーザー自身以外のチェックが必要な場合もあります。たとえば、子どものインターネット利用では、親が責任をもって利用を制限する必要があります。また、企業においても、オフィス内で危険なWebサイトを利用するとオフィス全体のセキュリティが脅かされるため、必要に応じて利用状況を確認し制限する場合もあります。

ここではインターネットを適切に利用するためのチェックや保護の技術について学習します。

## 7-6-1　検閲

インターネットにおける「検閲」とは、ユーザーがWebページを閲覧する際に、コンテンツの内容をチェックし、不適切と判断すればブロックして閲覧できないようにすることです。検索エンジンの検索結果のブロックも行います。同様にWebサイトの管理者は、ユーザーが自分のホームページやソーシャルメディアから発信する情報の内容を確認します。情報が不適切なら禁止したり、削除したりして、情報を発信できないようにします。

Cookieやプライバシーの保護設定は、ユーザー個人が自分のパソコン上で管理します。それに対して検閲は、企業や団体や学校のネットワーク管理者、地域、政府などによって管理され、閲覧できるコンテンツや発信できる情報は、管理者によって決められます。

検閲を行うと、不適切な内容のWebページの閲覧や情報発信を未然に防げるメリットがありますが、一方で、情報統制や言論統制、表現の自由の侵害につながるというデメリットもあります。企業の中には、情報流出の危険性を理由に、社内からFacebookなどのソーシャルメディアへのアクセスを制限している場合もあります。

インターネットに接続して、ブラウザーに正しいURLを入力しているにもかかわらず閲覧できなかったり、掲示板やソーシャルメディアへの書き込みが掲載されなかったりした場合、検閲されている可能性があるとわかります。

## 7-6-2　フィルタリング

「フィルタリング」とは、一定の基準でインターネット上にあるWebサイトを評価して、閲覧を制限する行為です。

フィルタリングを行うソフトウェアのことを一般的に「フィルタリングソフト」と呼びます。フィルタリングソフトは、フィルタリング専用のソフトウェアとして提供されていたり、OSやブラウザー、セキュリティソフトに機能の一部として組み込まれていたりします。また、ISPがフィルタリングをサービスとして提供している場合もあります。管理者が閲覧許可を設定した

り、履歴をチェックしたりできます。

　フィルタリングにより、家庭内では子供が暴力表現や成人用コンテンツなどを含む有害なWebサイトを閲覧したり、インターネットを長時間利用したりすることを制限できます。近年のスマートフォンの急激な普及により、青少年（18歳未満）がスマートフォンを使用してインターネットを利用する機会が増えています。

　このことから、経済産業省は、携帯通信事業者に対して携帯電話のインターネット接続サービスの利用者が青少年である場合は、原則フィルタリングサービスを提供することを義務付けています。

　また、企業内では社員に対して、Webサイトの自由な閲覧を制限したり、情報漏えいを防いだりできます。一方で、フィルタリングによってWebページの表示が遅くなるなどのデメリットが生じる場合があります。

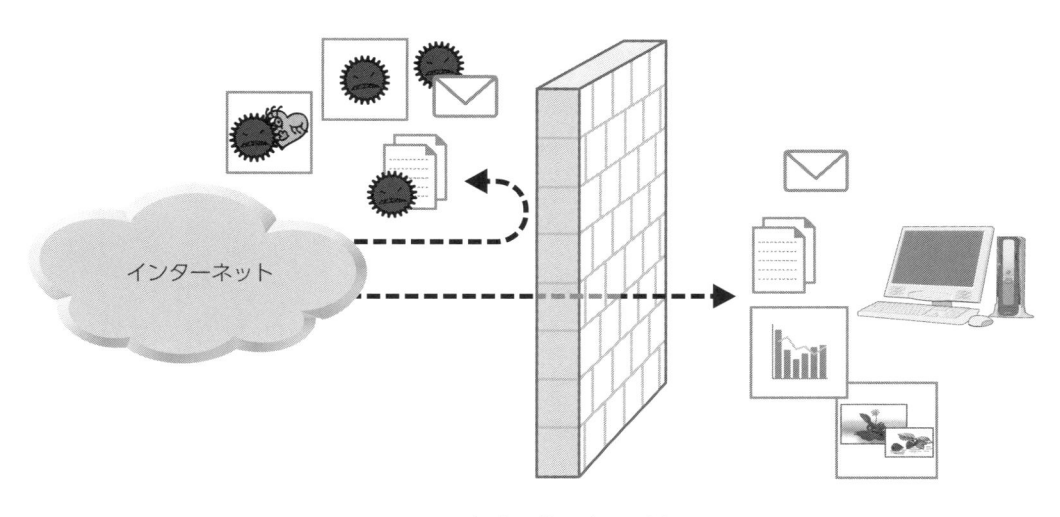

フィルタリングのイメージ

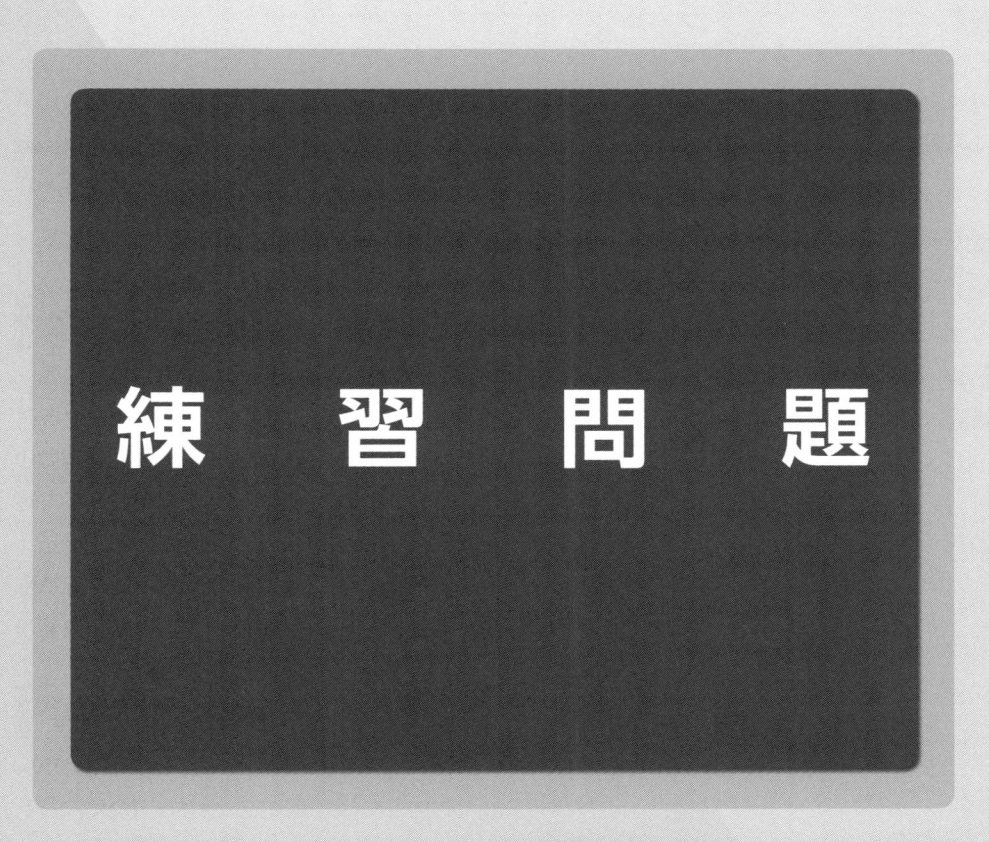

**練習問題**

**IC3 GS5 リビング オンラインの試験範囲に完全準拠した練習問題です。**

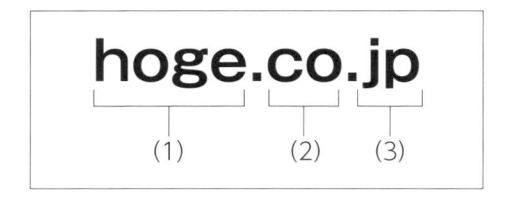

# 練習問題

## Chapter 01　インターネットのしくみ（10問）

### ▌問題1-1

WANの説明として、適切なものを1つ選んでください。

A.　建物やフロア内にネットワーク管理者の責任で設置されたネットワークである

B.　世界中のネットワークを相互に結んだオープンネットワークである

C.　公衆回線を利用するため、参加するすべてのPCはインターネットに接続できる

D.　公衆回線や専用通信回線を利用して離れたネットワークをつなぐクローズドネットワークである

E.　閉ざされたネットワークであるため、セキュリティ対策が不要で安価に構築できる

### ▌問題1-2

URLの階層構造について、以下の図の　(1)　と　(2)　と　(3)　にあてはまる語句の組み合わせがもっとも適切なものを1つ選んでください。

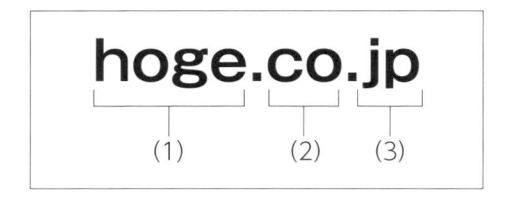

A.　(1) 組織、企業名　　　　(2) 組織種別　　　　(3) 国別コード

B.　(1) 組織種別　　　　　(2) 組織、企業名　　(3) 国別コード

C.　(1) 組織、企業名　　　　(2) 国別コード　　　(3) 組織種別

D.　(1) 国別コード　　　　　(2) 組織、企業名　　(3) 組織種別

E.　(1) 国別コード　　　　　(2) 組織種別　　　　(3) 組織、企業名

### ▌問題1-3

IPアドレスの説明として、適切なものを1つ選んでください。

A.　プライベートIPアドレスは家庭で利用する個人向けのIPアドレスのことである

B.　プライベートIPアドレスはルーターを介してグローバルIPアドレスに変換され外部接続する

C. グローバルIPアドレスは通信回線事業者から割り当てられたものを利用する

D. ISPとはIPアドレスとドメイン名の対応付けを管理する団体である

E. IPアドレスは枯渇しているため特定のグローバルIPアドレスを固定して利用することはできない

## ▌ 問題1-4

コンピューターが現在使用中のIPアドレスを表示してください。

※実際にコンピューターで操作して解答してください。

## ▌ 問題1-5

通信速度の説明として、誤っているものをすべて選んでください。

A. 転送速度はbpsという単位で表される

B. 帯域幅が広ければ、必ず実際の通信速度も速くなる

C. 多数のユーザーが同時に利用すると通信回線が込み合うため通信速度は遅くなる

D. ADSLはダウンロードとアップロードの通信速度が異なる

E. bpsは1ビットを送信するためにかかる時間を表すため、数字が小さいほど通信速度は速い

## ▌ 問題1-6

データサイズを表す接頭語が小さい順に並んでいるものを1つ選んでください。

A. テラ → ギガ → メガ → キロ

B. メガ → ギガ → テラ → ペタ

C. メガ → ギガ → ペタ → テラ

D. キロ → ギガ → メガ → テラ

E. キロ → メガ → テラ → ギガ

## ▌ 問題1-7

インターネット動画の視聴で、ダウンロードの途中から再生を始められる方式を示す用語として、適切なものを1つ選んでください。

A. Active X

B. Cookie

C. アップロード

D. インターネット一時ファイル

E. ストリーミング

## 問題 1-8

ストリーミングの説明として、適切なものを1つ選んでください。

A. 動画を保存して再生するため、十分な帯域幅が安定的に確保できない通信環境で有効である

B. 動画の配信は専門の動画配信事業者に限定されている

C. 動画限定の技術であり、音声配信には利用できない

D. 動画データを保存せずにリアルタイムに動画配信することができる

E. SD画質はHD画質よりも精細である

## 問題 1-9

代表的な動画ストリーミングサービスをすべて選んでください。

A. U-NEXT

B. Spotify

C. Hulu

D. Audible

E. Netflix

## 問題 1-10

IP電話の説明として、適切なものをすべて選んでください。

A. TCP/IPネットワークを利用したVoIP技術を利用して音声通話を行う

B. IP電話は固定電話とは異なる専用の電話機を使用する

C. IP電話はユーザーアカウントを元に受発信をするため電話番号は利用できない

D. 条件によっては110番などの緊急通報が利用できない

E. インターネット接続に障害が発生するとIP電話も利用できない

# Chapter 02 Webサイトの閲覧（WWWの利用）（10問）

## 問題 2-1

インターネット上でWebサイトを公開・閲覧するサービス名として、適切なものを1つ選んでください。

A. HTML

B. WWW

C. イントラネット

D. ブラウザー

E. URL

## ▌ 問題 2-2

Google Chromeを使い、「Yahoo! JAPAN」のトップページ（https://www.yahoo.co.jp/）をホームページに設定してください。

※実際にコンピューターで操作して解答してください。

## ▌ 問題 2-3

ハイパーリンクの説明として、誤っているものを1つ選んでください。

A.　文書内に埋め込まれた、ほかの文書の位置を示す情報である

B.　HTML文書の文字に埋め込むことができる

C.　HTML文書の画像には埋め込むことができない

D.　クリックすると、そのリンクが示すURLのWebページへ移動する

E.　同じWebサイト内の別のページを示すことができる

## ▌ 問題 2-4

ブラウザーの種類の説明として、適切なものを1つ選んでください。

A.　すべてのブラウザーはスマートフォンにも対応している

B.　Microsoft社がEdgeの提供を開始したためInternet Explorerは利用不可となっている

C.　FirefoxはApple社が提供するブラウザーである

D.　Google ChromeはiOS版も提供している

E.　SafariはAndroid版も提供している

## ▌ 問題 2-5

1つのウィンドウで複数のWebページを表示できるブラウザーを示す用語として、適切なものを1つ選んでください。

A.　ウィンドウブラウザー

B.　タブブラウザー

C.　マルチブラウザー

D.　クロスブラウザー

E.　モバイルブラウザー

## ▌ 問題 2-6

ブラウザーのブックマーク（お気に入り）の説明として、適切なものをすべて選んでください。

A.　ブックマークの登録名は通常、Webページのタイトルが使われ、変更することはできない

B.　ブックマークしたサイトは、自分が管理するほかのPCやスマートフォンに同期して利用できる

C. 登録したブックマークをクリックすれば、そのWebページが表示される

D. 登録したブックマークはブックマークの一覧から削除できる

E. ブックマークはフォルダーなどを利用してグループ管理することはできない

## ▍問題 2-7

タッチパネルで画面の縮小をするための操作として、適切なものを1つ選んでください。

A. ピンチアウト

B. タップ

C. ピンチイン

D. フリック

E. ダブルアップ

## ▍問題 2-8

Yahoo! JAPANを使い、2つのキーワード「コンピューター」と「書籍」に関連するWebページを検索します。キーワードの指定方法で適切なものを3つ選んでください。

A. コンピューター ＋ 書籍

B. コンピューター ＆ 書籍

C. コンピューター OR 書籍

D. コンピューター NOT 書籍

E. コンピューター　書籍

## ▍問題 2-9

情報ソースの評価に関する説明として、適切なものをすべて選んでください。

A. 怪我治療に関するSNSの投稿の真偽を確かめるために、学術サイトを参照する

B. プライバシー保護の観点から、Webサイトの多くは発信者の情報が開示されていないので信用しない

C. 記事の投稿者の政治的な立場を確認するために、その投稿者のSNSなどの発言もチェックする

D. 検索エンジンの表示順位は、Webサイトの信頼性には影響しないため気にしない

E. できるだけ情報の根拠や引用の出典元などが明記されている記事を確認する

## ▍問題 2-10

インターネットで情報を発信する際の注意点として、誤っているものを2つ選んでください。

A. ほかの管理者に迷惑をかけるため情報の出典は具体的に明記しない

B. 意見を掲載する場合は根拠を明確にする

C. 閲覧者が不特定多数の場合、閲覧者全員に不快な印象を与えないことは難しいので配慮しない

D. 自分や他人のプライバシーを侵害する内容を公開しない

E. ブログ内で発表した特定の情報について新たな情報を入手した場合、そのリンク先を掲載し発信する

# Chapter03　テキストメッセージの利用（10問）

## ▌問題3-1

電子メールの説明として、誤っているものを1つ選んでください。

A. 電話とは異なり、その時の相手の状況や時間帯を気にせずに情報伝達することができる

B. 電子メールのほうが電話やFAXにくらべて過去のやりとりに対する検索性に優れる

C. 郵便と異なり即時に情報が相手に届く

D. 相手の電話番号だけが分かれば送ることができる

E. 相手の受信環境が整っていないと利用できない

## ▌問題3-2

Webメールの説明として、適切なものをすべて選んでください。

A. 電子メールソフトでは利用できない

B. 電子メールの送受信履歴はメールサーバーに保存される

C. 自宅のPCやスマートフォンなどから同じメールボックスを利用できる

D. 代表的なWebメールにGmailやOutlook.comがある

E. Webメールのアカウントでは1つのメールアドレスしか管理できない

## ▌問題3-3

電子メールアカウントの構造について、以下の図の (1) と (2) にあてはまる語句の組み合わせが適切なものを2つ選んでください。

A. (1) ドメイン名　　　　　　　　(2) 組織、企業名

B. (1) ユーザー名　　　　　　　　(2) ドメイン名

C. (1) ユーザー名 (2) 組織種別

D. (1) ドメイン名 (2) アカウント名

E. (1) メールアカウント名 (2) ドメイン名

## ▍問題3-4

電子メールの利用方法に関する説明として、誤っているものを1つ選んでください。

A. CCに指定したメールアドレスは、受け取ったメールに表示される

B. BCCに指定したメールアドレスは、受け取ったメールに名前もメールアドレスも表示されない

C. 「返信」機能を使うと、件名は「RE:元の件名」の形式になり、元のメッセージが本文に引用される

D. 「全員に返信」機能を使うと、CCで送られたユーザーのメールアドレスは宛先（To）に設定される

E. 「転送」機能を使うと、受信した電子メールをほかのユーザーに転送できる

## ▍問題3-5

Gmailで新しいラベル「IC3」を作成してください。

※実際にコンピューターで操作して解答してください。

## ▍問題3-6

電子メールのメッセージに使用する文字として、適していないものをすべて選んでください。

A. カタカナ

B. 半角英字

C. 半角カタカナ

D. 絵文字

E. 特殊記号

## ▍問題3-7

次の文章の （1） と （2） にあてはまる語句の組み合わせとして、もっとも適切なものを1つ選んでください。

SMSは、相手の （1） を指定して短いテキストメッセージを送信できるサービスです。なお、1通あたりの文字数は70字に制限されていることが多く （2） にも対応していません。

A. (1) 電話番号 (2) 絵文字

B. (1) メールアドレス (2) 添付ファイル

C. (1) 電話番号 (2) 添付ファイル

D.  (1) メールアドレス    (2) 絵文字

E.  (1) アカウント名    (2) 添付ファイル

## ▌ 問題 3-8

IM（インスタントメッセージ）の利用方法に関する説明として、適切なものをすべて選んでください。

A.  リアルタイムにやり取りができるため、友人や仕事仲間などとの簡単な連絡や意見交換に適している

B.  テキストと静止画には対応しているが、動画には対応していない

C.  1対1だけでなくグループでのコミュニケーションにも利用できる

D.  メッセージは一覧で表示されるため過去のメッセージを検索しやすい

E.  ファイル転送機能も利用できる

## ▌ 問題 3-9

次の文章の （1） と （2） にあてはまる語句の組み合わせとして、もっとも適切なものを1つ選んでください。

インターネット上にある （1） は、話題ごとに不特定多数のユーザーが集まるスペースです。在室中のユーザー同士がテキストでリアルタイムに会話ができます。一般に （1） では、（2） を使って参加します。

A.  (1) チャットルーム    (2) ハンドルネーム

B.  (1) チャットルーム    (2) 本名

C.  (1) IM    (2) 本名

D.  (1) グループウェア    (2) メールアドレス

E.  (1) グループウェア    (2) ハンドルネーム

練習問題

## ▌ 問題 3-10

メディアリテラシーに関する説明として、適切なものを1つ選んでください。

A.  メッセージの伝達にはリアルタイムなやりとりができるIMやチャットを利用すべきである

B.  郵便はモノを送ることができる唯一の手段であるが、それ以外のメリットはほぼない

C.  IMやSMSと比較し電子メールは記録性と検索性が高い

D.  セキュリティの観点から、クラウドサービスを利用した連絡先情報のバックアップはすべきではない

E.  電話番号、メールアドレス、SNSアカウントなどの管理は各アプリ上で個別に行う

# Chapter 04 予定の管理（7問）

## 問題 4-1

クラウドカレンダーに関する説明として、適切なものをすべて選んでください。

A. PCやスマートフォン上のカレンダーアプリに予定を同期できる
B. 予定の再利用や繰り返しの設定を簡単に行うことができる
C. 予定を公開し、ほかのユーザーと共有できる
D. メールにカレンダーを添付して送ることができる
E. リマインダーを利用して、指定したタイミングで通知できる

## 問題 4-2

Googleカレンダーに、予定のタイトルに『A社訪問』、日時を「明日の午後3時から午後4時30分」に設定した新しい予定を作成してください。

※実際にコンピューターで操作して解答してください。

## 問題 4-3

Googleカレンダーの表示に関する説明として、誤っているものを1つ選んでください。

A. カレンダーは、日、週、月、年などのビューに切り替えて表示することができる
B. カレンダーを起動した際は必ず月表示になる
C. カレンダー形式ではなく、予定を日付順に一覧表示することができる
D. 週末を非表示にし平日だけ表示することができる
E. 週や日単位の表示は、縦軸に時間軸を表示して1日の予定を並べるバーチカル形式で表示される

## 問題 4-4

複数のカレンダーの表示に関する説明として、適切なものをすべて選んでください。

A. Googleカレンダーでは複数のカレンダーをタブで切り替えることができる
B. Googleカレンダーでは複数のカレンダーを横に並べて表示できる
C. Googleカレンダーでは複数のカレンダーを重ねて表示できる
D. Outlookでは複数のカレンダーを重ねて表示できる
E. Outlookでは複数のカレンダーをタブ形式で横に並べて表示できる

## 問題 4-5

Google カレンダーの共有機能に関する説明として、適切なものをすべて選んでください。

A. 共有カレンダーに招待されたユーザーは、閲覧のみが可能になる
B. 共有カレンダーは、招待したユーザーのみに公開される
C. 閲覧が許可されたユーザーに対してもリマインダーを送ることができる
D. 閲覧を希望するユーザー側から、共有をリクエストすることができる
E. 一度共有したカレンダーは非公開には戻せない

## 問題 4-6

Google カレンダーで、問 4-2 で作成した「A 社訪問」の予定にほかのユーザーを招待してください。

※実際にコンピューターで操作して解答してください。
※招待するユーザーのメールアドレスは任意とします。

## 問題 4-7

地方自治体やスポーツや映画などに関する情報サイトなどで公開されているカレンダーを Google カレンダーに追加することができます。公開されているカレンダーを利用することを何といいますか。適切なものを 1 つ選んでください。

A. リマインダー
B. リクエスト
C. サブスクリプション
D. ToDo リスト
E. アドオン

# Chapter 05 共同作業の実現（8問）

## 問題 5-1

Web 会議システムの特徴に関する説明として、誤っているものをすべて選んでください。

A. 画面の共有やファイル・データを送受信する機能を利用し情報を共有できる
B. 専用のアプリを事前にインストールしておく必要がある
C. PC だけでなくスマートフォンからでも利用できる
D. カメラを利用して参加者の顔を共有できる
E. 10 人程度の少人数でしか利用できない

## 問題 5-2

Skypeの特徴として、適切なものを1つ選んでください。

A.　Google社が提供するインターネット通話サービスである

B.　ビデオを用いたチャットは1対1でしか利用できない

C.　ファイル共有機能を利用できる

D.　無料で一般の電話番号への発信ができる

E.　スマートフォンでは利用できない

## 問題 5-3

Skypeチャットでオンラインの任意の通信相手にメッセージを送信してください。

※実際にコンピューターで操作して解答してください。

※Skypeが利用できなかったり、メッセージの送信ができない場合は、手順のみ画面上で確認してください。

## 問題 5-4

大きなモニターやカメラ、音響設備とネットワーク接続したシステムを用意した会議室に集まり、遠隔地同士で接続して会議を行うものとして、適切なサービスを1つ選んでください。

A.　テレプレゼンス会議

B.　SkypeOut

C.　VoIP

D.　BBS

E.　Web会議

## 問題 5-5

次の文章の　(1)　から　(3)　にあてはまる語句の組み合わせとして、もっとも適切なものを1つ選んでください。

VoIPは、　(1)　を利用した音声通話サービスです。VoIPを利用した会議は通話料がかからずコスト削減につながります。なお、VoIP技術を用いて、一般の電話と同様に利用できるサービスを　(2)　と呼びます。　(2)　には、電話番号は固定電話と同じ番号、または「　(3)　」から始まる番号のいずれかを使えます。

A.　(1) 携帯電話回線　　　　　(2) IP電話　　　　　(3) 050

B.　(1) 携帯電話回線　　　　　(2) IP電話　　　　　(3) 0120

C.　(1) 携帯電話回線　　　　　(2) IP電話　　　　　(3) 080

D.　(1) TCP/IPネットワーク　　(2) IP電話　　　　　(3) 050

E.　(1) TCP/IPネットワーク　　(2) IP電話　　　　　(3) 0120

## 問題 5-6

Windows10（Windows10 Homeを除く）に搭載されている、遠隔地のPCの操作画面を手元のモニターに表示する機能として、適切なものを1つ選んでください。

A. VPN
B. リモートデスクトップ
C. ローミング
D. VR
E. ブロードキャスト

## 問題 5-7

テレワークの説明として、誤っているものを1つ選んでください。

A. リモートコントロールを利用した、時間や場所にとらわれない自由な働き方のことである
B. 自宅のPCから画面共有や文書共同編集を行う
C. OS間の画面共有はできるが企業のネットワークに参加することはできない
D. 労働時間が通勤形態の勤務よりも長くなる傾向も指摘されている
E. リモートネットワークを通じて共同で業務にあたることを「リモートチーム」と呼ぶ

## 問題 5-8

オンライン教育サービスの説明として、正しいものをすべて選んでください。

A. MOOCは、遠隔地にいるユーザーがインターネット上で講義を受講できる
B. LMSは、動画の視聴はできないが、教材や練習問題の配信、学習の進捗管理ができる
C. MOOCで提供されている講義の多くは無料である
D. LMSは、学習者からの質問に対応するコミュニケーション機能がある
E. MOOCでは、ほかのユーザーとコミュニケーションをとることができる

# Chapter 06  ソーシャルメディア（8問）

## 問題 6-1

Facebookの説明として、適切ではないものを1つ選んでください。

A. タイムラインに自分が投稿した記事、動画、写真などが時系列で表示される
B. 「友達」になるには、自分が相手に友達申請をして承認を得るか、相手からの友達リクエストに対して、自分が承認する必要がある
C. 自分の投稿は、自分のみ、友達、友達の友達、知り合い以外など公開範囲を選択できる
D. プライバシー保護のためニックネームでの登録が許可されている

E. ほかのユーザーの投稿をシェアすると投稿主と友達ではない自分の友達にも共有することができる

## ▌問題6-2

Microsoft社が運営する世界最大級の「ビジネス特化型SNS」はどれですか。正しいものを1つ選んでください。

A. Facebook
B. Twitter
C. Instagram
D. LinkedIn
E. LINE

## ▌問題6-3

次の文章の　(1)　と　(2)　にあてはまる語句の組み合わせとして、もっとも適切なものを1つ選んでください。

Twitterでは、ほかのユーザーの投稿を引用したり、コメントをつけたりして、自分が投稿し直す「　(1)　」が行えます。また、「　(2)　」機能でほかのユーザー宛てにメッセージを送ることもできます。

A. (1) リツイート 　　　　　(2) ハッシュタグ
B. (1) リプライ 　　　　　　(2) リツイート
C. (1) ハッシュタグ 　　　　(2) リプライ
D. (1) リプライ 　　　　　　(2) ハッシュタグ
E. (1) リツイート 　　　　　(2) リプライ

## ▌問題6-4

YouTubeの説明として、誤っているものをすべて選んでください。

A. すべての動画は無料で視聴できる
B. 著作権の許可を得ている動画のみ投稿できる
C. 気に入った配信者をフォローすることで新たな動画の公開情報などを受け取ることができる
D. 配信者は投稿動画の画面上に広告を掲載することで収益を得られる
E. Microsoft社が運営している

## ▌問題6-5

スマートフォンとの親和性が高く1対1のチャットやグループチャット、音声通話を利用できる学内や社内といった内部向けのクローズドサービスとして、適切なものを1つ選んでください。

A. Instagram

B. Slack

C. Yammer

D. YouTube

E. Twitter

## 問題6-6

ほかのブログに自分のブログ記事へのリンクを貼る機能として、適切なものを1つ選んでください。

A. コメント

B. RSS

C. トラックバック

D. エントリー

E. フィード

## 問題6-7

社内SNSを利用するメリットとして、適切なものをすべて選んでください。

A. ファイルの共有、ノウハウの蓄積、データベースとして利用できる

B. 関連部署やチーム内の情報共有など、迅速な情報のやり取りができる

C. ナレッジベースとして活用できる

D. 外部のSNSと連携し、情報発信を簡単にできる

E. 社内からの意見を広く集めることができる

練習
問題

## 問題6-8

フォーラムに関する説明として、誤っているものを1つ選んでください。

A. フォーラムのユーザーは基本的に、そのフォーラムのトピックに関心を持つ個人である

B. フォーラムは個人の集まりであって、そのトピックの専門家が参加することはない

C. フォーラムの情報は提供者のプロフィールや過去に提供した情報などを検討し、有益性を判断する

D. フォーラムのよい参加者になるには、有益な情報を提供し続けることが重要である

E. フォーラムのよい参加者になるには、相手にお礼を述べる、むやみに非難しないなどのマナーも求められる

# Chapter 07 デジタル社会のルールとモラル（12問）

## 問題7-1

コミュニケーションツールの選択に関する記述として、適切なものをすべて選んでください。

A. 不特定多数への情報発信にはTwitterやSkypeを利用する
B. あとで見直す機会がある情報をやり取りする場合はなるべくメールを利用する
C. 国外通話料金がかからないビデオチャットは、海外に住む人に時間帯を気にせずに連絡してよい
D. オンライン講座では近隣では開講されていない講義も受講できるが質問はできない
E. 重要な情報を迅速に伝えたい時は電話やSkype通話が適している

## 問題7-2

コミュニケーションツールの使い方として、不適切なものをすべて選んでください。

A. 海外在住の友人に、自分の空いた時間を使ってビデオ通話をした
B. 遅刻しそうだったので、車を運転しながらチャットでメッセージを送った
C. 緊急を要する報告をするため、会議中の上司に要点をまとめたメモを持って行った
D. 上司に注意されたことを個人のTwitterで反省を込めてつぶやいた
E. 休日に仕事に関する情報を得たが、上司や取引先へのメールは出社してから行った

## 問題7-3

インターネット中毒に関する記述として、誤っているものをすべて選んでください。

A. ほかのことへの興味を失う危険がある
B. 周りの心配を助長するのでインターネットの利用時間は話題にしないほうがよい
C. 身体的、精神的負担を軽減するためには、インターネットの利用に合わせて生活習慣を変えるとよい
D. 長時間の利用は横になったほうが負担が少ない
E. インターネットに夢中になりすぎると家族や友人から孤立する恐れがある

## 問題7-4

コンピューターで長時間作業をする場合の説明として、誤っているものを1つ選んでください。

A. 椅子の高さや形状が人間工学的に不適切だと、背中や腰などに痛みが生じる恐れがある
B. 腕が疲れる場合は、肘掛け付きの椅子を使うと腕の負担を軽減できる
C. 床に足を付けたときに太ももが水平な状態になると、太ももが圧迫され、痛みやむくみなどの原因となる

D. 背もたれが柔らかすぎて、腰から背中、頭がまっすぐな姿勢に保ちづらい場合は補助用背もたれを用いるとよい

E. 椅子の高さにあわせて、机の高さも腕の位置や角度が自然になるよう調節する

## ▌問題 7-5

次の文章の ⬚(1)⬚ に当てはまる単位を1つ選んでください。

モニター上における照度（明るさ）は 500 ⬚(1)⬚ 以下、キーボードや書類上など周辺における照度は 300 ⬚(1)⬚ 以上が望まれる

A. ワット

B. アンペア

C. カンデラ

D. ルクス

E. dpi

## ▌問題 7-6

次の文章に該当するキーボードを1つ選んでください。

左右の手にあわせてキーが曲線状に配置されたキーボードで上方向に丸みが付けられており、指が自然なかたちで利用できる。

A. リストレスト付きキーボード

B. ユーザー設定ホットキー付きキーボード

C. USB接続スリムキーボード

D. 角度調整機能付きキーボード

E. お椀型キーボード

## ▌問題 7-7

インターネットにおける情報発信者の人格・人物像（オンラインアイデンティティ）に関する説明として、正しいものをすべて選んでください。

A. オンラインアイデンティティはユーザーの人物評につながるため、採用に影響する可能性がある

B. プライベート用のSNSは、自分の人物評に影響しないので、どのような発言も許される

C. 複数のSNSアカウントを利用していれば、個人が特定されることはない

D. オンラインアイデンティティは、現実社会の自分と完全一致する

E. オンラインアイデンティティは、SNSなどで発信した情報によって形成される人物像である

## 問題7-8

インターネット上のふるまいに関する説明として、適切ではないものを1つ選んでください。

A. 個人情報の登録・公開内容の取捨選択を行う

B. 投稿・コメントで差別的な表現や不当な批判は行わない

C. ほかのユーザーの個人情報の公開や、個人を特定できる情報を勝手に公開しない

D. 自分の利益のために本来勧めるべきではない商品を紹介しない

E. 誤った情報を発信した場合はすぐに記事を削除し投稿しなかったことにする

## 問題7-9

次の文章の ［ （1）］ と ［ （2）］ にあてはまる語句の組み合わせとして、もっとも適切なものを1つ選んでください。

Facebookでは、プロフィール情報は公開範囲を、「自分のみ」「友人」「［ （1）］」「全体」の中から選択できます。一方、Twitterでは、全ユーザーに表示される「公開」か、フォロワーのみが閲覧できる「非公開」を ［ （2）］ に設定できます。

A. （1）友人の友人　　　　　　（2）ツイートごと

B. （1）友人の友人　　　　　　（2）すべてのツイート

C. （1）家族　　　　　　　　　（2）すべてのツイート

D. （1）グループ　　　　　　　（2）すべてのツイート

E. （1）グループ　　　　　　　（2）ツイートごと

## 問題7-10

掲示板やソーシャルメディアなどで、相手を怒らせたり苛つかせたりする目的でメッセージを送信・投稿する行為はどれですか。適切なものを1つ選んでください。

A. フレーミング

B. ネットいじめ

C. ネチケット

D. デジタルフットプリント

E. 炎上

## 問題7-11

友人の写真を撮影して、自分のホームページに掲載する場合の説明として、正しいものを1つ選んでください。

A. 写真の著作権も肖像権も友人にあるので、友人の許可無く勝手に載せることはできない

B. 写真の著作権も肖像権も自分にあるので、友人の許可無く勝手に載せてもよい

C. 肖像権は友人にあるが、写真の著作権は自分にあるので、友人の許可無く勝手に載せてもよい

D. 写真の著作権は自分にあり、肖像権は友人にあるので、友人の許可無く勝手に載せることはできない

E. 写真の肖像権は自分にあり、著作権は友人にあるので、友人の許可無く勝手に載せることはできない

## ▌ 問題7-12

インターネットで検閲されている可能性があるものはどれですか。適切なものを3つ選んでください。

A. ブラウザーに正しいURLを入力しているのに閲覧できない

B. Webページの文字やレイアウトが正しく表示されない

C. 途中で止まるなど、動画がスムーズに再生されない

D. 検索エンジンの検索結果が極端に少ない

E. 掲示板やソーシャルメディアへの書き込みが掲載されない

練習問題

# 解答と解説

解答と解説

## Chapter 01　インターネットのしくみ（10問）

### ■ 解説1-1　正解：D

WANは、公衆回線や専用通信回線を利用して、遠隔地のLAN同士を接続したネットワークです。複数のビルにまたがる社内ネットワークの構築などで利用されます。クロースドネットワークであるため、インターネットとは区別されますが、インターネット経由ではないリスクも多数存在するためセキュリティ対策は必要です。なお、AはLAN、Bはインターネットの説明です。

参照▶ 1-1-1

### ■ 解説1-2　正解：A

URLの階層構造は「組織、企業名」.「組織種別」.「国別コード」となっています。　参照▶ 1-1-2

### ■ 解説1-3　正解：B

IPアドレスには、企業、学校、家庭などLANやWANの中で使用される「プライベートIPアドレス」と、インターネットで使用される「グローバルIPアドレス」の2種類が存在します。
インターネットへの出入口にあたるルーターと呼ばれる機器を介してグローバルIPアドレスに変換され、インターネットなどの外部のネットワークに接続します。　参照▶ 1-1-2

### ■ 解説1-4

現在使用中のIPアドレスは［ネットワークのプロパティを表示］画面で確認できます。
①［スタート］ボタンからメニューを表示し、［設定］をクリックします。
②［Windowsの設定］画面で、［ネットワークとインターネット］を選択します。
③［状態］画面の中ほどにある［ネットワークのプロパティを表示］をクリックします。
④［IPv4アドレス］を確認します。

参照▶ 1-1-2

### ■ 解説1-5　正解：B、E

帯域幅によって通信速度の理論的な速さは決まりますが、実際の通信速度は利用状況の影響により変化します。また、通信速度の単位であるbpsは1秒当たりに転送できるビット数を表し、数値が大きいほど高速であることになります。　参照▶ 1-2-1

## 解説 1-6　正解：B

大きなデータサイズを表現する際には、基準単位（バイト）の前に接頭語をつけて表現するのが一般的です。代表的な接頭語は次のとおりです。

| 接頭語 | 説明 |
| --- | --- |
| K（キロ） | 10の3乗を表しますが、1Kバイトは2の10乗となり1024バイトとなります。 |
| M（メガ） | 10の6乗を表しますが、1Mバイトは2の20乗となり1024Kバイトとなります。 |
| G（ギガ） | 10の9乗を表しますが、1Gバイトは2の30乗となり1024Mバイトとなります。 |
| T（テラ） | 10の12乗を表しますが、1Tバイトは2の40乗となり1024Gバイトとなります。 |
| P（ペタ） | 10の15乗を表しますが1Pバイトは2の50乗となり1024Tバイトとなります。 |

参照▶ 1-2-1

## 解説 1-7　正解：E

ダウンロードの途中から再生を始められる方式を「ストリーミング」といいます。参照▶ 1-2-2

## 解説 1-8　正解：D

PCやスマートフォンに内蔵または接続したカメラを利用し、撮影した画像を保存せずにそのままリアルタイムに配信する技術をライブストリーミングと呼びます。参照▶ 1-2-2

## 解説 1-9　正解：A、C、E

近年、音声や動画を配信するサービスが増えており、定額制のサービスやコンテンツを個別に購入して利用するサービスがあります。
選択肢BとDは音声ストリーミングサービスで、BのSpotifyは楽曲を提供、DのAudible（オーディブル）は本を朗読した音声を提供するサービスです。参照▶ 1-2-2

## 解説 1-10　正解：A、D、E

IP電話は「VoIP（Voice over Internet Protocol）」と呼ばれるTCP/IPネットワークを利用して、音声通話を行うための技術を利用します。音声をデータ化し、インターネットなどのネットワークで送受信します。参照▶ 1-2-3

# Chapter 02　Webサイトの閲覧（WWWの利用）（10問）

## 解説 2-1　正解：B

WWWはWorld Wide Webの略で、インターネット上にWebサイトを公開したり、公開されたWebサイトを閲覧できるようにするサービスです。Webページの閲覧にはWebブラウザー

解答解説

を利用します。 参照▶ 2-1-1

## ▌解説 2-2

Google Chrome でホームボタンを有効にし、「Yahoo!JAPAN」をホームページに設定します。

①Google Chromeを起動します。

②アドレスバーの右端にある［Google Chromeの設定］をクリックして、メニューの［設定］をクリックします。

③［デザイン］にある［ホームボタンを表示する］のスライダーをクリックして、ホームボタンを表示します。

④「カスタムのウェブアドレスを入力」に「https://www.yahoo.co.jp/」を入力します。

参照▶ 2-1-2

## ▌解説 2-3　正解：C

ハイパーリンクはHTML文書の文字列だけでなく、画像にも埋め込むことができます。

参照▶ 2-1-2

## ▌解説 2-4　正解：D

Apple社が提供するSafariはAndroid版の提供はありませんが、Google社が提供するChromeはiOS版を提供しています。 参照▶ 2-1-3

## ▌解説 2-5　正解：B

1つのウィンドウで複数のWebページを表示できるブラウザーは、タブブラウザーと呼ばれます。 参照▶ 2-1-4

## ▌解説 2-6　正解：B、C、D

登録したブックマーク（お気に入り）はブックマークの一覧から名前の変更や削除ができます。また、Microsoft Edge、Google Chromeなど多くのブラウザーには、ブックマークを同期する機能が備わっています。ブラウザーにユーザーアカウントを設定することで、スマートフォンなど別の機器に同じブラウザーを導入し、自身のユーザーアカウントを設定すれば、同じブックマークを利用できるようになります。 参照▶ 2-1-4

## ▌解説 2-7　正解：C

タッチパネルの画面は、マウスの代わりに指で操作します。

「タップ」はクリックに相当し、「ダブルタップ」はダブルクリックに相当します。

親指と人差し指同時に画面に触れ、指先を広げる「ピンチアウト」は画面の拡大、指を閉じる「ピンチイン」は画面の縮小にあたります。「フリック」は「進む」「戻る」の操作に該当します。

参照▶ 2-2-1

## 解説2-8　正解：A、B、E

すべてのキーワードを含むWebページを検索する場合はAND、&、＋、スペースを用います。「OR」はキーワードのいずれかひとつを含むWebページを、「NOT」はキーワードを含まないWebページを検索します。**参照▶ 2-2-2**

## 解説2-9　正解：A、C、E

インターネットに公開されている情報はすべて信頼できる有益なものばかりではなく、中には真実とは異なる情報や、社会倫理に反する情報も混在しているため、適切性や信頼性、妥当性、偏りなどの基準から、ユーザーが自ら評価して利用しなければなりません。Bについては、発信者の経歴や連絡先などが明記されたWebサイトもあります。**参照▶ 2-2-3**

## 解説2-10　正解：A、C

インターネットで情報発信を行う際には、他者を尊重し、目的に合った適切なコンテンツを作成する必要があります。**参照▶ 2-2-4**

# Chapter 03 テキストメッセージの利用（10問）

## 解説3-1　正解：D

電子メールアドレスは、相手のメールアドレスを事前に知っておく必要があります。電話番号だけで送れるのは電子メールではなくSMS（ショートメッセージサービス）です。
**参照▶ 3-1-1、3-2-1**

## 解説3-2　正解：B、C、D

電子メールを利用するには、デスクトップアプリケーション（アプリ）をPCやスマートフォンに導入して利用する方法と、ブラウザーを使用してメールの閲覧、送受信などを管理する「Webメール」という方法があります。**参照▶ 3-1-2**

## 解説3-3　正解：B、E

電子メールアドレスは、ユーザー名@ドメイン名で構成されています。ユーザー名は「メールアカウント名」とも呼ばれます。**参照▶ 3-1-2**

## 解説3-4　正解：D

「全員に返信」機能を使うと、CCで送られたユーザーは［CC］として自動設定されます。
**参照▶ 3-1-3、3-1-4**

## 解説 3-5

Gmailでは、受信したメールをラベルごとに仕分けして保存できます。新たにラベルを作成する方法は以下の通りです。

①Gmailにログインします。

②左メニューの［もっと見る］をクリックします。

③左メニューをスクロールして［新しいラベルを作成］をクリックします。

④［新しいラベルの作成］画面が表示されたら、「IC3」と入力して［作成］をクリックします。

⑤左メニューに「IC3」ラベルが表示されます。

参照▶ 3-1-4

## 解説 3-6　正解：C、D、E

電子メールのメッセージでは、半角カタカナ、特殊な文字や記号、絵文字を含む機種依存文字を使うと、メールを受け取った側で文字化けなどの現象が起こることがあります。AとBは機種依存文字ではないので、使用しても問題ありません。参照▶ 3-1-5

## 解説 3-7　正解：C

SMSは電話番号を指定して簡易なメッセージを送信できるメッセージサービスで、添付ファイルには対応していません。絵文字には対応していますが、携帯通信事業者が異なる場合、規格の違いにより一部の絵文字がうまく表示されない場合があるので注意が必要です。参照▶ 3-2-1

## 解説 3-8　正解：A、C、E

IM（インスタントメッセージ）は、同じネットワーク上（インターネットを含む）で、ユーザー同士がコミュニケーションを行うことができます。音声やビデオによるチャット、ファイル転送などが可能なソフトウェアもあります。参照▶ 3-2-2

## 解説 3-9　正解：A

IMが特定の相手とだけ非公開でやりとりするのに対し、チャットはチャットルームを公開設定にすることで、元々連絡先を知らない不特定多数の人とのコミュニケーションも楽しむことができます。チャットルームでは、「ハンドルネーム」を使って参加するのが一般的です。参照▶ 3-2-3

## 解説 3-10　正解：C

コミュニケーションツールの多様化にあわせてそれぞれの特徴を踏まえて、もっとも適切なツールを選択するメディアリテラシーが求められます。また、管理すべき連絡先情報も増えているため、一元管理できるアプリやクラウドによる同期など効率的な管理が求められます。

参照▶ 3-3-1、3-3-2

# Chapter 04 予定の管理 (7問)

## 解説4-1　正解：A、B、C、E

公開したクラウドカレンダーのURLを送信することはできますが、添付することはできません。デスクトップアプリケーションのMicrosoft Office Outlookでは、カレンダーをメールに添付することが可能です。　**参照▶ 4-1-1**

## 解説4-2

①ブラウザーを起動して、Googleのトップページを表示します。

②ウィンドウの右上にある「Googleアプリ」をクリックして、アイコンの一覧から「カレンダー」をクリックします。

③「Googleログイン」の画面が表示されたら、Googleアカウントを入力して、[次へ] をクリックします。

④パスワードを入力して、[次へ] をクリックします。

⑤カレンダーの画面が表示されたら、予定を追加する時間（または日にち）のマス目をクリックします。

　（新しいGoogleカレンダーにようこそ画面が表示された場合は[OK]で閉じておきます。）

⑥小さなウィンドウが表示されたら、タイトルに『A社訪問』を入力します。

⑦「時間を追加」をクリックします。（学習日の翌日を選択します）

⑧開始時間をクリックして午後3:00を選択、続けて終了時間をクリックして午後4:30（1.5時間）を選択します。

⑨[保存] をクリックして、カレンダーに新しい予定を追加します。

**参照▶ 4-1-1**

## 解説4-3　正解：B

起動時のカレンダーの表示をカスタマイズする場合は、[設定]（歯車のマーク）をクリックして、メニューから [設定] を選択します。詳細な設定をする画面が表示されたら、[全般] の [ビューの設定] で変更することができます。　**参照▶ 4-1-2**

## 解説4-4　正解：C、D、E

Googleカレンダーでは複数のカレンダーを重ねて表示することはできますが、タブによる切り替えや横に並べた表示には対応していません。Outlookの予定表は、アプリケーションウィンドウに複数のカレンダーをタブ形式で並べて表示でき、さらにそのカレンダーを重ねて表示することが可能です。　**参照▶ 4-1-3**

解答
解説

## 解説4-5　正解：C、D

共有カレンダーは、設定によって不特定多数に制限なしで公開することができます。また招待したユーザーに対しては閲覧だけでなく編集を許可することもでき、共同でカレンダーを管理することが可能です。　**参照▶ 4-2-1**

## 解説4-6

①問題4-2で作成した「A社訪問」の予定を開きます。

②予定の詳細画面で［ゲストを追加］の欄に任意のメールアドレスを入力し、［保存］ボタンをクリックします。

③「Googleカレンダーのゲストに招待メールを送信しますか？」のメッセージが表示されたら［送信］をクリックします。

※招待を受けたユーザーには、招待メールが届きます。ユーザーが招待に対して、［はい］を選択すると、招待元のユーザーの予定にゲストとして登録されます。また、自動的にそのユーザーのカレンダーに予定が追加されます。

※Googleアカウントや招待可能なユーザーがいない場合は、操作の手順を覚えましょう。

**参照▶ 4-2-1**

## 解説4-7　正解：C

公開されたカレンダーを利用することを「購読（サブスクリプション）」と呼びます。公開カレンダーは、地方自治体やスポーツや映画などに関する情報サイトなどで公開されており、自分の利用しているカレンダーアプリやクラウドカレンダーに対応した形式であれば利用することができます。　**参照▶ 4-2-2**

# Chapter 05　共同作業の実現（8問）

## 解説5-1　正解：B、E

Web会議には特別なアプリを必要とせずブラウザーで利用できるものもあります。また、数千人規模のオンラインセミナーなどにも活用されています。　**参照▶ 5-1-1**

## 解説5-2　正解：C

「Skype」は、Microsoft社が提供する代表的なインターネット音声通話サービスです。有料のオプションサービスに申し込むことで一般の電話や携帯電話との通話も可能になります。また、ビデオチャットを含め、複数人でのコミュニケーションに利用できます。　**参照▶ 5-1-1**

## 解説5-3

①［スタート］メニューなどからSkypeを起動し、「Microsoftアカウント」のメールアドレス

（または「Skypeアカウント」）とパスワードでログインします。

②連絡先の一覧から、通信相手を選択します。

③通話やチャットの画面に切り替わるので、チャットのボックスにメッセージを入力します。

④［メッセージを送信］をクリックして、メッセージを送信します。

※チャットのボックスに文字を入力すると、ボックスの右側に紙飛行機の形をした［メッセージ
　を送信］ボタンが表示されます。

参照▶ 5-1-1

## ▌ 解説5-4　正解：A

Web会議とは異なり、テレプレゼンス会議を行うには、大きなモニターやカメラ、音響設備など
が必要です。システムの導入にはコストがかかるため、会議室ごと貸し出しするサービスもあり
ます。参照▶ 5-1-2

## ▌ 解説5-5　正解：D

「VoIP（Voice over Internet Protocol）」とは、TCP/IPネットワークを利用して、音声通話を
行うための技術です。データ化した音声をインターネットなどのネットワークで送受信します。
VoIPを活用した電話サービスが「IP電話」で、050ではじまる電話番号などを付与し、通常の電
話と同様に利用することができます。参照▶ 5-1-3

## ▌ 解説5-6　正解：B

Windows10 Homeを除く、Windows10の各エディションでは画面共有のために利用する
「リモートデスクトップ」という機能が搭載されています。

利用するには、リモートで接続される側のPCで［コントロールパネル］から［システムとセキュ
リティ］をクリックし、［リモートアクセスの許可］を選択します。［システムのプロパティ］ダ
イアログボックスの［リモート］タブが表示されたら、リモートデスクトップの項目をリモート
接続を許可に設定します。参照▶ 5-2-1

解答
解説

## ▌ 解説5-7　正解：C

リモートコントロールを利用した、時間や場所にとらわれない自由な働き方を「テレワーク」と
呼びます。自宅から社内システムを活用した業務が可能になり、子育て中の人や通勤が困難な状
況にある人でも働ける環境が整ってきています。また、特別な条件がない人であっても、自宅で
仕事をすることでワークライフバランスの改善につながるため、積極的にテレワークを採用する
企業が増えています。参照▶ 5-2-2

## ▌ 解説5-8　正解：A、C、D

インターネット、クラウドサービスの発展に伴い、オンライン教育サービスが普及しています。
MOOCは大規模公開オンライン講座で、経済的、地理的、時間の制約などの理由から大学に通

えないユーザーにとって、学習の選択肢の一つになっています。また、LMS（学習管理システム）は、講義動画の配信や学習の進捗管理、結果のレポート、学習者と管理者とのコミュニケーションなど多くの機能を有しています。 **参照▶ 5-2-3**

## Chapter 06　ソーシャルメディア（8問）

### ▌解説6-1　正解：D

Facebook は世界最大のユーザー数を誇る SNS です。原則、利用者はアカウントを実名で登録して利用します。 **参照▶ 6-1-1**

### ▌解説6-2　正解：D

LinkedIn は、世界で4憶人のユーザーが利用する Microsoft 社が運営する世界最大級のビジネス特化型 SNS です。ユーザー自身の履歴書に代わる自己紹介ツールが用意されており、所属や経歴を元にビジネスに特化したつながりを構築することができます。 **参照▶ 6-1-1**

### ▌解説6-3　正解：E

Twitter は、140字以内で投稿するソーシャルネットワーキングサービスのひとつです。匿名でも利用できます。Twitter の投稿は「ツイート」や「つぶやき」とも呼ばれます。「リツイート」やツイートの内容をタグで表現するハッシュタグなどを用いてツイートがつながることで、コメント以外のコミュニケーションの広がりを楽しめます。なお、直接メッセージを送る機能は「リプライ」と呼びます。 **参照▶ 6-1-1**

### ▌解説6-4　正解：A、E

YouTube は、Google 社が運営しています。原則として無料で視聴できますが、広告の非表示などの機能を有した有料版のサービスや音楽配信に特化したサービスも登場しています。また、有料版でないと視聴できない動画や音楽も存在します。 **参照▶ 6-1-2**

### ▌解説6-5　正解：B

SNS をはじめとするメディアサイトには、社会に広く情報を公開できるソーシャルメディアとは別に、学内や社内といった内部向けのクローズドメディアサイトも存在します。
内部向けのメディアサイトは、管理者によって許可されたユーザーのみが参加し限定されたコミュニティを形成します。そのため、より詳細なやりとりや対外的には公表できない情報の共有なども行うことができます。 **参照▶ 6-1-3**

### ▌解説6-6　正解：C

ブログには、記事を閲覧したユーザーが感想を書いたり、その感想に対してブロガーが返信した

りする「コメント」機能があります。また、ほかのブログに自分のブログ記事へのリンクを貼る「トラックバック」の機能もあり、ブロガーと読者、ブロガー同士で相互につながり合うことができます。 **参照▶6-2-1**

## ▌解説6-7　正解：A、B、C、E

内部向けのSNSには、ファイル共有、掲示板、データベース、チャットなどの機能があります。拠点数が多く、1つの部署に100名以上いるような大企業では、内部向けのSNSを利用することで、顧客情報の共有、関連部署やチームメンバーとタイムリーな情報のやり取りが行えるようになります。また、ナレッジベースとしての活用や特定のテーマに関する意見を社内から集めたりすることも可能です。 **参照▶6-1-3**

## ▌解説6-8　正解：B

フォーラムによっては、専門家や専門家に近い知識を備えたユーザーが参加しており、有益な情報を提供していたり、疑問に答えてくれたりするなど、大変役立つ場合も少なくありません。
**参照▶6-2-3**

# Chapter 07　デジタル社会のルールとモラル（12問）

## ▌解説7-1　正解：B、E

Skypeは記録性・検索性や不特定多数への情報発信の点では優れていません。
オンライン講座は双方向性のあるライブ配信のものや質問機能が別途用意されているものもあります。 **参照▶7-1-1**

## ▌解説7-2　正解：A、B、D

テクノロジーの変化に伴い、多様化しているコミュニケーションツールの使い方は、ユーザー自身が状況や目的に適した使い方を考える必要があります。
海外とのビデオ通話は時差を考える必要があり、車の運転中にスマートフォンの利用は適切ではありません。また個人のTwitterで、仕事に関する情報をつぶやくことも不適切です。
さまざまなコミュニケーションツールの利用に際しては、ユーザー側の意識が大切です。
**参照▶7-1-1、7-3-3**

## ▌解説7-3　正解：B、C、D

近年、インターネットサービスの充実やスマートフォンの普及などに伴い、インターネット中毒やゲーム中毒などが社会問題化しています。長時間の利用や不適切な姿勢での利用は、身体面や精神面に悪影響があり、社会性を損なう原因となるので注意が必要です。 **参照▶7-2-1**

## 解説7-4　正解：C

太ももが圧迫されるのは、太ももが水平な状態ではなく、下がった状態です。　参照▶7-2-2

## 解説7-5　正解：D

モニター上における照度（明るさ）は500ルクス以下、キーボードや書類上など周辺における照度は300ルクス以上が望まれます。室内とモニターの明るさの差を小さくすると目に負担がかかりません。　参照▶7-2-3

## 解説7-6　正解：E

左右の手にあわせて曲線状に配置され、上方向に丸みが付けられたお椀型キーボードは、肩や腕に余計な負担がかかりません。　参照▶7-2-3

## 解説7-7　正解：A、E

オンラインアイデンティティは、オンラインやSNSで発信したユーザー情報、投稿、コメントなどの情報をもとに形成される人物像であり、ユーザー自身のブランドであるといえます。ユーザーの人物評の参考になるため、採用候補者の名前を検索したり、SNS上でユーザーを探して、人となりを見られたりする場合があります。　参照▶7-3-1

## 解説7-8　正解：E

誤った情報を発信したり、不適切な行為や発言をしたりした場合、一度インターネット上で拡散されてしまったものを止めるのは非常に難しくなります。不適切な投稿やふるまいをしないことが第一ですが、万が一そのような行為をしてしまった場合は、ただちに謝罪や訂正を行う必要があります。　参照▶7-3-1

## 解説7-9　正解：B

Facebookのプロフィール機能では、自己紹介文や生年月日、性別以外にも、勤務先、職歴や学歴、居住地・出身地、管理する外部のWebサイトやソーシャルメディア、家族構成などが登録できます。

また、Twitterでは、ニックネーム、誕生日、居住地、自分の管理する外部のWebサイトをプロフィール情報として公開できます。なお、すべてのツイートの公開範囲は、全ユーザーに表示される「公開」とフォロワーのみが閲覧できる「非公開」で設定できます。　参照▶7-3-2

## 解説7-10　正解：A

フレーミングは別名「あおり」とも呼ばれます。匿名でやりとりされる掲示板やソーシャルメディアなどでは、発言した本人の特定が難しいため、フレーミングをきっかけに炎上することがあります。　参照▶7-4-1

## ▌解説 7-11　　正解：D

著作権は創作の成果である「著作物」の作成者に対して発生します。肖像権とは人の姿形について本人が持つ権利です。問題のケースでは著作権は自分、肖像権は友人が持つことになります。たとえ自分が著作権を持つ写真でも、写っている友人に肖像権があるため、友人の許可無しでは掲載できません。 **参照▶ 7-5-2**

## ▌解説 7-12　　正解：A、D、E

選択肢のBは、Webページ自体は表示されているので検閲ではなく、エンコードやWebブラウザーの種類やバージョン違いによる問題が原因として考えられます。Cは、動画自体は閲覧できているので、ネットワークの混雑などが原因として考えられます。 **参照▶ 7-6-1**

解答
解説

# ○ 索引

## ■ ア

## ■ タ

# ▌著者紹介

## 滝口 直樹 (たきぐち なおき)

明治大学兼任講師、専門学校非常勤講師、IC3認定インストラクター、MOS・情報処理試験対策講師、Webコンサルタント、Webディレクターなど。

大学時代はITを活用した教育について研究し、当時黎明期であったeラーニングに関わる職を求め、2001年に大手資格スクールに入社。情報システム部・企画開発部にて、デジタルコンテンツ制作・eラーニングプロジェクトを担当。

2006年に独立。個人事業を開業。Webコンサルティング・Webマーケティング・Webサイト制作・IT顧問を中心に活動。現在はフリーランスとして、各種学校で非常勤講師の他、通信講座への出演、執筆など活動の場を教育分野に広げる。

・主な著書

「ゼロからはじめる基本情報技術者の教科書」(とりい書房)

「ゼロからはじめるITパスポートの教科書」(とりい書房)

「文系女子のためのITパスポート合格テキスト&問題集」(インプレス)など

デジタルリテラシーの基礎②
# インターネットの基礎知識
IC3 GS5 リビングオンライン対応

2019年8月5日 初版第1刷発行

| 著　　　者 | 滝口 直樹 |
| --- | --- |
| 発 行・編 集 | 株式会社オデッセイ コミュニケーションズ |
| | 〒100-0005　東京都千代田区丸の内3-3-1　新東京ビル |
| | E-Mail：publish@odyssey-com.co.jp |
| 印 刷・製 本 | 中央精版印刷株式会社 |
| カバーデザイン | 折原カズヒロ |
| 本文デザイン・DTP | 株式会社シンクス |